Nahusenay Abate Dessie

O papel das mulheres rurais na agricultura sustentável e nos meios de subsistência

Nahusenay Abate Dessie

O papel das mulheres rurais na agricultura sustentável e nos meios de subsistência

ScienciaScripts

Imprint

Any brand names and product names mentioned in this book are subject to trademark, brand or patent protection and are trademarks or registered trademarks of their respective holders. The use of brand names, product names, common names, trade names, product descriptions etc. even without a particular marking in this work is in no way to be construed to mean that such names may be regarded as unrestricted in respect of trademark and brand protection legislation and could thus be used by anyone.

Cover image: www.ingimage.com

This book is a translation from the original published under ISBN 978-3-659-89298-1.

Publisher:
Sciencia Scripts
is a trademark of
Dodo Books Indian Ocean Ltd. and OmniScriptum S.R.L publishing group

120 High Road, East Finchley, London, N2 9ED, United Kingdom
Str. Armeneasca 28/1, office 1, Chisinau MD-2012, Republic of Moldova, Europe
Printed at: see last page
ISBN: 978-620-6-29942-4

Copyright © Nahusenay Abate Dessie
Copyright © 2023 Dodo Books Indian Ocean Ltd. and OmniScriptum S.R.L publishing group

ÍNDICE DE CONTEÚDOS:

O papel das mulheres rurais na gestão e utilização dos recursos naturais na Etiópia: O Caso do Distrito de Delanta, Zona Sul de Wello

RESUMO

Os recursos naturais fornecem qualquer material do ambiente natural que pode ser utilizado pelas pessoas para apoio e sustento da vida na terra com o seu valor ecológico e recursos múltiplos. Atualmente, as comunidades rurais na área de estudo são confrontadas com terra, água, lenha e utilização adequada. O objetivo do estudo é explorar o papel das mulheres rurais na gestão e utilização dos recursos naturais na Etiópia, tomando como caso o distrito de Delanta. O estudo foi efectuado com 225 mulheres e 75 homens em quatro distritos rurais amostrados. Os entrevistados foram seleccionados através de uma técnica de amostragem aleatória estratificada, escolhendo 50 agregados familiares de cada distrito. Os dados foram analisados utilizando técnicas estatísticas descritivas e inferenciais. Os resultados mostraram que as mulheres são boas gestoras dos recursos naturais e são as principais responsáveis pela recolha de lenha (76%), pela recolha de água (71%), pela participação na agricultura (83%) e pelas forragens para satisfazer as necessidades imediatas do agregado familiar. No entanto, culturalmente, é negado às mulheres o direito de registar e controlar os recursos fundiários. As principais fontes de rendimento - produção de culturas (91%) e de animais de grande porte (89%) - eram controladas e decididas pelos homens, enquanto as fontes de rendimento menores - pequenos animais - aves de capoeira (84%) e produtos lácteos (82%); artesanato (88%) e licores locais (95%) - eram controladas pelas mulheres. As mulheres têm também um acesso limitado à tecnologia, à formação de competências, à educação, aos serviços de extensão e à informação. O esgotamento dos recursos naturais tem um impacto direto nas mulheres, com o aumento da carga de trabalho e das tarefas penosas, e na subsistência geral das pessoas que dependem dos recursos naturais. A partir de agora, o papel das mulheres na exploração e gestão dos recursos naturais não pode ser posto em causa. Para reforçar e desenvolver a sua participação na gestão dos recursos e na sua utilização sustentável, todos os organismos interessados devem adotar medidas adequadas para capacitar as mulheres para a tomada de decisões, a formação de competências, a educação, os serviços de extensão e a informação.

Palavras-chave: Agricultura; Tomada de decisões; Meio ambiente; Utilização de recursos; Papel da mulher

1. INTRODUÇÃO

Por gestão dos recursos naturais entende-se a gestão de recursos como a água, a terra, as florestas, as plantas e os animais, com especial incidência na forma como a gestão afecta a qualidade de vida das gerações presentes e futuras. Trata-se de uma área vital em que tanto as comunidades rurais como as urbanas dependem diretamente dos recursos naturais circundantes para os seus benefícios e recursos ecológicos, tais como o acesso à terra, às florestas, às fontes de água, às pastagens e aos campos, etc., e é crucial tanto para a vida como para os meios de subsistência da comunidade. Assim, as mulheres estão no centro do nexo entre ambiente e desenvolvimento. Elas realizam muitas das tarefas agrícolas e criam pequenos animais, fornecem lenha e água, geram rendimentos substanciais para o orçamento familiar com a venda de artesanato, uma variedade de alimentos cultivados e silvestres, lenha e outros produtos, e cuidam dos seus filhos e das suas propriedades. Para realizar as suas tarefas, as mulheres são, formal ou informalmente, gestoras de recursos (Chen e Ravillion, 2008).

O conceito de gestão dos recursos naturais está basicamente ligado ao desenvolvimento rural, porque a afetação de recursos é essencial para gerar meios de subsistência sustentáveis. Sem acesso aos recursos, não pode haver incentivo suficiente para uma gestão sustentável dos recursos naturais e, consequentemente, o desenvolvimento rural é reduzido. É necessário que haja igualdade na atribuição de recursos e mecanismos de apoio que incentivem as pessoas a utilizar os seus recursos de forma sustentável (Nyamekye e Oppong-Mensah, 2016). As mulheres têm frequentemente menos propriedade e acesso a recursos do que os homens, o que as torna mais vulneráveis a alterações negativas no ambiente. Em média, as mulheres são menos instruídas do que os homens e têm menos acesso à informação; os sistemas de extensão tendem a ser tendenciosos para os homens. As mulheres têm geralmente menos autoridade para tomar decisões do que os homens (Chayal *et al.*, 2013).

Os recursos naturais têm sido cruciais para a existência da vida na Terra. No entanto, em cada milénio, temos observado novos avanços na utilização e acumulação de recursos materiais devido ao aumento constante da população, ao desenvolvimento que resulta na destruição do ecossistema e do habitat natural e à intensificação da agricultura para a produção de produtos de base orientada para a procura. A Avaliação Ecossistémica do Milénio, recentemente concluída, examinou 24 serviços ecossistémicos críticos dos quais os seres humanos dependem para o seu bem-estar e concluiu que 60% estavam a ser degradados ou utilizados de forma insustentável (Bremner *et al.*, 2010). Todos estes factores conduziram à degradação das paisagens, dos recursos e à perda de recursos potencialmente renováveis, em grande detrimento da vida selvagem e das comunidades rurais (FAO, 2010). Assim, as práticas sustentáveis de gestão dos recursos naturais para satisfazer as necessidades de vida das gerações actuais e futuras são uma preocupação crucial para todas as sociedades.

Quando os recursos naturais se tornam insuficientes para sustentar os meios de subsistência da população, resultam medidas drásticas, como a emigração de homens ou mulheres. As mulheres e os homens das zonas rurais combinam uma série de activos para obterem os seus meios de subsistência agrícolas. A emigração dos homens deixa as mulheres a assumir os papéis e responsabilidades tradicionais dos homens, aumentando a sua carga de trabalho, mas deixando-as sem acesso igual ou direto aos recursos financeiros, sociais e tecnológicos (Lambrou e Laub 2004). Os impactos dos serviços ecosistémicos degradados estão a ser suportados desproporcionalmente pelos pobres, são um fator principal que contribui para a pobreza e constituem uma barreira para alcançar os Objectivos de Desenvolvimento do Milénio estabelecidos pelas Nações Unidas (MEA, 2005). O crescimento da população é identificado como um dos principais factores indirectos da degradação destes serviços ecosistémicos. O crescimento populacional em si, porém, continua a ser uma explicação insuficiente da relação entre a população, os ecosistemas e a pobreza.

1.1. Declaração do problema

Mais de metade das pessoas pobres do mundo vive em zonas rurais e depende fortemente dos recursos naturais para sobreviver. Os activos são fundamentais para as mulheres e os homens das zonas rurais, não só para garantir a alimentação e a subsistência do seu agregado familiar, mas também para a conservação e a utilização e gestão sustentáveis dos recursos naturais (Agarwal, 2010). A chave para a gestão sustentável do ambiente e dos recursos naturais é integrar as populações rurais marginalizadas na economia formal. As tendências actuais de crescimento da população e da saúde dos ecossistemas sugerem um futuro difícil para os mais pobres do mundo. Mais de 1,4 mil milhões de pessoas vivem em pobreza extrema (menos de 1 dólar por dia) (Chen e Ravillion, 2008), e muitas delas dependem de ecossistemas degradados. A maioria dessas pessoas são mulheres rurais, que praticamente não têm acesso aos recursos agrícolas, exceto através dos seus familiares masculinos.

As mulheres representam uma elevada percentagem das comunidades pobres que dependem dos recursos naturais locais para a sua subsistência. A maioria dos pobres rurais nos países em desenvolvimento são mulheres e seus papéis e responsabilidades sociais exigem que elas dependam fortemente da disponibilidade e da qualidade dos recursos naturais, como terra, água, florestas e sementes (Tsegaye *et al.,* 2012). Aproximadamente 70% dos pobres do mundo e mais de 65% dos analfabetos do mundo são mulheres (IFAD, 2011; New Course, 2010). A falta de acesso ou de direitos sobre a terra e outros recursos entre as mulheres rurais reflecte-se em esquemas de desenvolvimento rural fracassados. tipicamente em zonas rurais onde elas assumem a maior responsabilidade pelo abastecimento de água doméstico, energia para cozinhar e aquecer, e segurança alimentar familiar (Solar, 2010). Além disso, os pobres são mais vulneráveis a novos declínios nos serviços ecossistémicos (MEA, 2005), uma vez que as suas estratégias de subsistência são significativamente mais susceptíveis de depender da base de recursos naturais (UN-Women, 2014). E a degradação ambiental deixa especialmente os mais pobres vulneráveis às catástrofes naturais.

As mulheres e os homens desempenham papéis diferentes na utilização e gestão dos recursos naturais, bem como na produção agrícola. Estas diferenças podem ser específicas de cada cultura, mas as mulheres tendem a ser mais responsáveis pelas culturas de subsistência, recolhem a lenha e contribuem com a maior parte da mão de obra. Juntamente com as suas responsabilidades domésticas, isto significa que têm mais exigências em relação ao seu tempo, e os factores que afectam o trabalho têm provavelmente um maior impacto nas mulheres (New Course, 2010). Estas diferenças de género podem afetar a gestão dos recursos naturais de várias formas.

A principal diferença entre homens e mulheres na gestão dos recursos naturais, incluindo a agricultura, é a propriedade e o acesso aos recursos. O principal desses recursos é a terra e, embora existam variações locais, em geral há uma tendência acentuada a favor dos homens no controlo da terra como meio de produção (Coleman, 2008), sendo as mulheres menos propensas do que os homens a possuir a terra que cultivam. A falta de propriedade da terra pode afetar o acesso a outros recursos, como o crédito, a água e os direitos de pastagem, limitando as opções de subsistência das mulheres (Nyamekye e Oppong-Mensah, 2016). A falta de acesso a recursos também aumenta a vulnerabilidade. Quando os tempos são difíceis, como os causados por um clima desfavorável, as pessoas com menos recursos têm mais dificuldade em lidar com a situação. À medida que os recursos naturais diminuem, as mulheres têm de dedicar cada vez mais tempo à obtenção de recursos para as necessidades de sustento e de subsistência (New Course, 2010).

Nas últimas duas a três décadas, o papel das mulheres na gestão dos recursos naturais foi muitas vezes ignorado, talvez porque os observadores estavam a ver as comunidades através das lentes da sua própria experiência e perspetiva de país desenvolvido. Assim, o papel das mulheres era visto como o de "dona de casa" e, nesse contexto, a preocupação dos ambientalistas era limitar a degradação ambiental através do controlo da população (Fish *et al.*, 2010). No entanto, com poucas excepções, as mulheres estão na vanguarda do nexo entre ambiente e desenvolvimento. Na maioria das comunidades, as mulheres desempenham um papel fundamental no desenvolvimento económico e na luta contra a pobreza. São agricultoras, trabalhadoras e empresárias, mas em quase todo o lado enfrentam restrições mais graves do que os homens no acesso a recursos produtivos, mercados e serviços (Equipa SOFA e Doss 2011).

O preconceito de género é uma das principais causas da pobreza, porque limita a capacidade das mulheres de contribuírem para a produção alimentar e o crescimento económico. O género afecta a distribuição dos recursos, a riqueza, as actividades, a tomada de decisões, o poder político e o usufruto dos direitos e prerrogativas no seio da família e na vida pública (Nuggehalli, 2009). Estas diferenças de género também se manifestam claramente na divisão das responsabilidades em casa e nas suas comunidades. De todas as questões que influenciam a sociedade, nenhuma é mais profunda do que o género: as inúmeras regras culturais não ditas que regem de forma diferente o comportamento das pessoas do sexo feminino e masculino em todos os países do mundo, desde o dia em que nascem (Agarwal, 2010).

As mulheres constituem 70% dos pobres do mundo; têm menos acesso aos recursos financeiros, à terra, à educação, à saúde e a outros direitos básicos do que os homens, e raramente são envolvidas nos processos de tomada de decisão (Solar, 2010). O acesso aos serviços de extensão é também mais difícil para as mulheres do que para os homens. Em muitos países em desenvolvimento, a maioria dos extensionistas são homens, pelo que tendem a concentrar-se nas tarefas e interesses dos homens, e as mulheres podem ser socialmente inibidas de interagir com os extensionistas do sexo masculino. Embora a situação possa ter melhorado nas últimas duas décadas, em África menos de 3% dos conselheiros agrícolas e dos extensionistas eram mulheres (APF, 2007), e menos de 2% de todos os contactos de extensão são com mulheres agricultoras (Blackden 2006). Apesar de uma forte dependência da terra e dos recursos naturais para a sobrevivência e a subsistência, as mulheres possuem menos de 2% das terras tituladas do mundo (Coleman, 2008). Mais de um quinto da humanidade vive na pobreza, enquanto quase dois terços da humanidade subsistem com menos de 3 dólares por dia. O número de pobres está a aumentar. Ao mesmo tempo, o mundo está a afastar-se da sustentabilidade ambiental (UN-Women Watch, 2009).

As perdas de recursos naturais afectam negativamente tanto os homens como as mulheres. No entanto, as mulheres e as crianças são indevidamente mais afectadas pela carga de trabalho e pelo trabalho árduo e por uma nutrição mais pobre do que os homens e os rapazes (Kramer, 2009). Os padrões de participação das mulheres variam. Desempenham papéis vitais na sobrevivência do agregado familiar através das suas actividades de subsistência e de obtenção de rendimentos. Em África, por exemplo, as mulheres são responsáveis por 80% da segurança alimentar (Madonsela, 2002) e 90% da segurança da água nas comunidades rurais (GWA, 2003). Embora os investigadores discordem sobre a forma de calcular a pobreza, há consenso sobre três pontos críticos: a maioria dos pobres do mundo são mulheres; mais de metade dos pobres do mundo vive em zonas rurais e depende fortemente dos recursos naturais para sobreviver; e a degradação dos recursos é um problema grave nas zonas rurais, com cerca de 60% das pessoas mais pobres do mundo a viver em zonas ecologicamente vulneráveis (Boakye-Achampong *et al.*, 2012). Por exemplo, na África Subsariana, as mulheres obtêm 30-50% das fontes de rendimento não agrícolas a partir dos recursos naturais (New Course, 2010).

Nas últimas duas décadas, a Etiópia tem enfrentado graves desequilíbrios ecológicos devido à desflorestação em grande escala e à erosão dos solos causada por práticas agrícolas incorrectas, exploração florestal destrutiva, incêndios florestais e práticas de pastoreio descontroladas (Belay, 2016). Esta situação resultou num declínio da produção agrícola, no esgotamento da água, em condições hidrológicas perturbadas, na pobreza e na insegurança alimentar. Uma das chaves para o sucesso da redução da pobreza é permitir que as populações rurais pobres tenham acesso aos recursos naturais e usufruam das novas tecnologias para utilizar os recursos de forma sustentável (FIDA, 2011). Para facilitar a participação das mulheres no processo de desenvolvimento sustentável da Etiópia e de outros países em desenvolvimento, há uma grande necessidade de promover mudanças nas políticas, leis, estruturas e atitudes nos programas de desenvolvimento.

O baixo nível de consciência existente sobre o papel das mulheres no desenvolvimento da Etiópia; as crenças culturais profundamente enraizadas e as práticas tradicionais que impedem as mulheres de desempenhar plenamente o seu papel no processo de desenvolvimento do país; a falta de tecnologia adequada para reduzir a carga de trabalho das mulheres; a escassez de agentes de desenvolvimento femininas devidamente qualificadas para compreender, motivar e capacitar as mulheres rurais, eliminando os principais constrangimentos que impedem o seu progresso (ONU-Mulheres, 2014), motivando a realização desta investigação sobre o envolvimento das mulheres rurais na gestão da utilização dos recursos e os seus principais constrangimentos no acesso aos recursos produtivos: o caso de quatro comunidades rurais no distrito de Delanta, na Etiópia.

As mulheres têm papéis adicionais como mães, para além de outros trabalhos comunitários produtivos. Isto ocupa muito do seu tempo. Podem dedicar muito menos tempo ao investimento no seu capital humano e ao desenvolvimento de capacidades. Assim, o envolvimento das mulheres em trabalho adicional de conservação sem disponibilidade de mão de obra e meios de produção só aumentará a carga de trabalho, o fardo e o trabalho pesado para as mulheres. No contexto do Distrito de Delanta, o desenvolvimento sustentável dependeria principalmente de uma utilização sensata dos recursos existentes (terra, água e florestas); da redução da exploração de novos recursos e da adaptação de melhores práticas agrícolas ao longo do tempo. Uma gestão adequada dos recursos naturais pode libertar mais tempo para as mulheres utilizarem em actividades de geração de rendimentos, cuidados infantis e desenvolvimento pessoal.

1.2. Objectivos do estudo

O objetivo geral deste estudo foi avaliar os papéis e contribuições gerais das mulheres no desenvolvimento e compreender os seus constrangimentos para capacitar as mulheres. Em conformidade com o objetivo geral, o estudo analisou as necessidades das mulheres na gestão dos recursos naturais e a sua utilização dos recursos domésticos e não domésticos, tomando como estudo de caso o Distrito de Delanta, no Sul de Wello. Os objectivos específicos do estudo seriam, portanto, os seguintes

- Avaliar a contribuição das mulheres rurais na gestão dos recursos naturais;

- Aumentar a consciencialização e o apreço das pessoas pelos recursos naturais, pelas questões ambientais e pelos seus efeitos na degradação dos recursos;

- Avaliar os principais constrangimentos enfrentados pela participação das mulheres na gestão e utilização dos recursos naturais

1.3. Questões de investigação

Para atingir estes objectivos, o documento definiu as seguintes questões de investigação.

- Quais são os principais papéis das mulheres rurais na gestão e utilização dos recursos naturais?

- Quais são as principais dificuldades das mulheres na utilização e gestão dos recursos?

2. MATERIAIS E MÉTODOS

2.1. Descrição da área de estudo

O distrito de Delanta situa-se entre 11° 29' 29.82" e 11° 41' 25.53" N e 39° 02' 19.19" e 39° 14' 05.04" E, com uma altitude que varia entre 1500 e 3819 metros acima do nível do mar, no fundo dos vales (Gosh Meda) e no topo da montanha (Mekelet), respetivamente. Está situado a cerca de 499 km a norte de Adis Abeba e a 98 km a noroeste da cidade de Dessie, na zona de South Wello. As principais formas de relevo do distrito incluem planaltos extensos, cadeias de colinas com cumeadas montanhosas, vales fluviais e gargantas muito profundas na fronteira. O distrito tem uma forma oval com um padrão de drenagem dendrítico, cumes íngremes e numerosas colinas convexas na área da planície e desfiladeiros na fronteira.

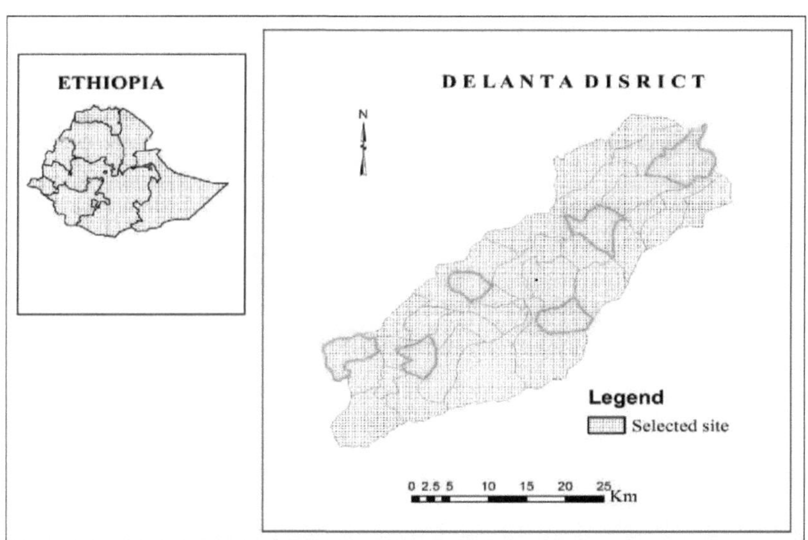

Figura 1: Mapa de localização da área de estudo

2.1.1. Clima da zona de estudo

De acordo com a classificação agro-ecológica tradicional da Etiópia, a área de estudo enquadra-se em todas as categorias que se correlacionam basicamente com a elevação. Estas são *Kolla (terras baixas)*, *Woina Dega (terras médias)*, *Dega (terras altas)* e Wurch (terras muito altas) (Quadro 1).

Quadro 1. Zonas agro-ecológicas tradicionais (ZCA) das terras altas do Norte da Etiópia

ACZ tradicional	*Kolla*	*Woina Dega*	*Dega*	*Wurch*
Elevação (m)	1500-1800	1800-2400	2400-3500	> 3500
Temperatura (°C)	18-20	15-18	10-15	< 10
Precipitação (mm)	300-900	500-1500	700-1700	> 900

| Cultura dominante | Sorgo, milho | teff, milho, trigo | Cevada, trigo | Cevada |

O clima da região é caracterizado por uma estação seca (de outubro a fevereiro, fria e seca, e de março a junho, quente e seca) e uma estação húmida (de meados de junho a setembro). O padrão de precipitação é monomodal com períodos de pico de meados de julho a princípios de setembro. A precipitação média anual de quinze anos (1999-2013) da área de estudo é de cerca de 812 mm, dos quais 75-80% são recebidos no verão (*Kiremt)* e 25-20% na primavera (*Belg)*. As temperaturas médias anuais mínimas e máximas do mesmo período são de 6,8 e 19,6°C, respetivamente (Figura 2). As pessoas que vivem nas posições topográficas superiores têm as suas actividades agrícolas dependentes principalmente das chuvas de Belg, enquanto as que vivem nas posições topográficas médias e inferiores dependem tanto das chuvas de *Kiremt* como de *Belg*. No entanto, a precipitação é pequena, errática e pouco fiável e a área é propensa a secas esporádicas.

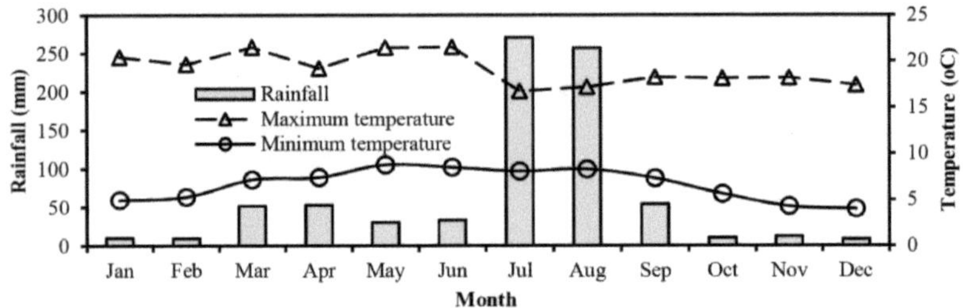

Figura 2. Precipitação média mensal e temperaturas máxima e mínima da área de estudo

2.1.2. Geologia e solos da zona de estudo

A geologia da área de estudo é caracterizada pela série de armadilhas dos períodos terciários, semelhante a grande parte das terras altas da Etiópia central. A área é coberta por riolitos do Oligoceno e por unidades de ignimbritos muito espessas, predominantemente de basalto alcalino, com numerosos fluxos de traquito entre camadas. Os tipos de rocha granítica, gnáissica e basáltica existem na zona, fazendo parte do complexo basáltico, e a maioria dos solos é constituída por material de origem basáltica. Os solos da área de estudo são muito influenciados pela topografia, com um elevado escoamento superficial durante a principal estação das chuvas. Os solos são classificados como Mazi-Pellic Vertisols, Mazi-Calcic Vertisols, Haplic Cambisols e Mollic Leptosols (Nahusenay *et al.,* 2014).

2.1.3. Sistemas de uso do solo e sua cobertura

De acordo com o WAOR (2013), a área total do Distrito é de 10.5678 ha, que se estende desde as terras baixas até às terras altas, sendo que grande parte se situa nas faixas de altitude média dominadas por planaltos e todas elas foram abrangidas pela dinâmica LU/LC. A dimensão média das explorações é de um hectare por agregado familiar (0,75 ha para produção vegetal e 0,25 ha para pastagem). Os usos da terra são tanto privados (agricultura) como comunais (pastagem), que podem ser identificados através de padrões de uso da terra. A maior parte da terra não é atualmente utilizada, o que representa cerca de 45%. As terras cultivadas e de pastagem são os principais tipos de uso da terra na área de estudo. A agricultura é o sector económico predominante que envolveu mais de 95% da população (WAOR, 2013). O sistema agrícola global era misto, tanto de produção animal como vegetal, e caracterizado por uma natureza de subsistência. Está fortemente orientado para a produção de culturas para sustentar os meios de subsistência dos agricultores e as suas principais fontes de tração para a lavoura e a debulha são os bois e os cavalos. Os resíduos das culturas e o pastoreio intensivo são os principais recursos alimentares para o gado na zona.

As culturas de sequeiro mais comuns na zona são o trigo panificável *(Triticum aestivum L.)*, a cevada alimentar *(Hordeum vulgare* L.), a fava (*Vicia faba* L.), a lentilha (*Lens culinaris* L.), a ervilha (*Lathyrus sativus* L.), o grão-de-bico (*Cicer arietinum* L.), o *teff* (*Eragrostis tef* L.) e o sorgo (*Sorghum bicolor* (L.) Moench. Todas estas culturas são geridas com recurso a técnicas e equipamentos agrícolas tradicionais. Além disso, são também produzidos alguns tipos de produtos hortícolas, frutos, tubérculos e especiarias. A maior parte da terra arável é cultivada em regime de sequeiro, enquanto uma área muito pequena é irrigada no fundo do vale ou em torno das margens dos rios para produzir legumes e frutas (WAOR, 2013).

A floresta e a vegetação naturais da área de estudo desapareceram devido ao sobrepastoreio, à procura crescente de lenha e à conversão em terras cultivadas. Existem pequenas manchas de florestas naturais remanescentes nos limites das explorações agrícolas e em redor das igrejas. Espécies arbóreas plantadas como o *Eucalyptus camaldulensis, Cupressus lustanica, Acacia saligna* e *Acacia decurrens* são comuns em redor de quintas e áreas conservadas. As plantações de *Eucalyptus camaldulensis estão* a substituir as terras aráveis/cultivadas e a expandir-se nos quintais, nas margens dos ribeiros e nas bermas das valas.

2.1.4. Dimensão e distribuição da população

De acordo com a projeção da CSA (2015), Delanta era uma área densamente povoada e o tamanho médio das famílias do distrito era de cinco pessoas. A população rural constituía 96,5% da população total, dos quais 51 homens e 49% mulheres. O distrito estava dividido em 33 distritos locais que se estendiam por diferentes zonas agro-ecológicas. A população do distrito não produzia normalmente alimentos para consumo durante todo o ano, mesmo num ano considerado normal do ponto de vista climático. Isto deve-se ao excesso de população, à grave degradação da terra, à escassez de terra e às chuvas irregulares.

2.2. Fontes de dados e técnicas de amostragem

O investigador foi conduzido em várias fontes e instrumentos de recolha de dados, incluindo fontes primárias e secundárias, testes-piloto e vários tipos de procedimentos de recolha de dados.

2.2.1. Tipos e fontes de dados

Para este estudo, foram considerados tanto os dados primários como os secundários. Os dados primários foram obtidos através de inquéritos aos agregados familiares, que foram administrados por meio de observações no terreno, questionários, entrevistas formais e discussões em grupos focais com mulheres rurais, homens, mulheres do gabinete de assuntos sociais e outras autoridades interessadas. Para este efeito, foram elaborados questionários que foram entregues a todos os principais inquiridos. A maior parte dos itens eram de resposta fechada, mas também foram incluídas algumas perguntas de resposta aberta para obter informações qualitativas sobre as atitudes, crenças e práticas das pessoas. Os dados secundários de documentos publicados e não publicados de organizações governamentais e não governamentais foram extraídos para complementar e reforçar os dados primários. Os antecedentes históricos, culturais e socioeconómicos da área foram obtidos através de materiais secundários.

Para verificar a adequação dos itens do instrumento e fazer as correcções necessárias com base nos feedbacks obtidos dos inquiridos, foi realizado um teste-piloto com cinco homens e quinze mulheres. Com base nos resultados do pré-teste, foram introduzidas algumas melhorias na preparação dos questionários finais. Finalmente, foram distribuídas 350 cópias dos questionários aos principais inquiridos e todos eles foram preenchidos e recolhidos

2.2.2. Técnicas de amostragem

As populações-alvo foram as mulheres rurais e, para conhecer as atitudes dos homens em relação ao trabalho das mulheres, 25% da população total foi considerada masculina. A dimensão da amostra foi de 300 agregados familiares rurais, dos quais 75% eram mulheres. Um dos motivos do inquérito foi investigar a variação dos padrões de trabalho agrícola e dos mecanismos de sobrevivência com base nas variações agro-ecológicas. Para este fim, foram seleccionados cinco distritos locais com base nas variações acima referidas e, para tornar o estudo manejável, foram seleccionados 60 agregados familiares de cada distrito rural utilizando técnicas de amostragem aleatória estratificada simples (Quadro 2).

2.3. Métodos de análise de dados

Os dados primários foram analisados e apresentados através de técnicas estatísticas descritivas e inferenciais. As técnicas descritivas incluem a percentagem, a frequência acumulada, o desvio padrão, enquanto as técnicas estatísticas inferenciais utilizaram testes de Qui-Quadrado. O teste

Qui-Quadrado foi utilizado para verificar a associação ou homogeneidade entre as zonas agro-ecológicas com referência às respostas relativas a trabalhos agrícolas e estratégias de sobrevivência utilizadas pelos camponeses durante a fome (escassez de alimentos) e os seus impactos.

Quadro 2: Local das associações de camponeses estudadas

Nome do sítio	NRP	Zona agro-ecológica
Ferqaqe	50	*Kolla* (planície < 2100 m)
Kembeh dega	50	*Dega* (Planalto > 2700 m)
Weyesequleho	50	*Dega* (Planalto > 2700 m)
Tardate medihanialem	50	*Woina Dega* (Midland entre 2100 e 2700 m)
Arka-Chinga	50	*Woina Dega* (Midland entre 2100 e 2700 m)
Wetege-Aberkut	50	*Kolla (planície < 2100m)*
Total	300	

Fonte: Com base num inquérito no terreno

3. RESULTADOS E DISCUSSÃO

O termo recurso é um conceito amplo para definir e referir-se a vários aspectos, mas o interesse deste estudo concentra-se nas terras agrícolas, na água, na floresta, na produção agrícola, no rendimento familiar, no acesso das mulheres aos recursos e nos seus desafios. É aceite que o processo de tomada de decisão é o reflexo da gestão do controlo dos recursos. A questão da gestão dos recursos naturais foi sempre dominada pelos homens, embora as mulheres da região dependam geralmente muito dos recursos naturais para a sua sobrevivência (Mondal, 2013). O grau em que todos nós estamos envolvidos no controlo da vida terrestre está apenas a começar a ser percebido pela maioria de nós. Temos visto o papel fundamental das mulheres como conservacionistas e sustentadoras do ambiente. Elas estão altamente envolvidas em programas de florestação, recolha de água e conservação do solo no distrito. No entanto, os seus papéis permanecem informais e não reconhecidos. Uma coisa deve ficar clara desde o início: as mulheres estão mais próximas da água, do combustível florestal, da forragem e de outros recursos naturais do que os homens. O papel das mulheres na gestão dos recursos naturais foi investigado sob os seguintes subtítulos gerais, tais como os recursos da terra, os recursos hídricos, os recursos florestais e o acesso das mulheres ao controlo dos recursos.

3.1. Mulheres e recursos fundiários

A terra é um dos recursos naturais mais vitais para as pessoas e determina, em parte, o volume de produção e o estatuto de um agricultor no contexto social da sociedade. É um armazém de minerais e recursos florestais de vários tipos. Este tipo de capital natural é maioritariamente controlado pelos homens, enquanto as mulheres têm um poder limitado para controlar o recurso e têm também um acesso limitado ou nenhum acesso a factores de produção externos, tais como fertilizantes e créditos. Na área de estudo, os homens têm o direito de registar e controlar os recursos fundiários, enquanto às mulheres é culturalmente negado esse direito, exceto quando se divorciam ou ficam viúvas. No inquérito, foi feita uma nova tentativa para compreender o sentimento das mulheres em relação à prática existente de registo de terras. Nenhuma das inquiridas manifestou repúdio pela tradição de registar as terras em nome dos maridos.

Como os resultados mostraram que cerca de 81% dos inquiridos da amostra disseram que as mulheres e os homens não têm acesso igual aos recursos da terra (Tabela 3). Isto deve-se às leis de herança, leis consuetudinárias e normas culturais que são mais favoráveis aos homens do que às mulheres na área de estudo. O teste do Qui-Quadrado mostrou que havia diferenças significativas entre as três zonas agro-ecológicas no que diz respeito aos assuntos em questão, tendo *Woina Dega* (86%) uma proporção mais elevada do que *Kolla* (78%) e *Dega* (68%). A questão que se coloca é: porquê estas diferenças? Segundo as informações obtidas dos inquiridos da amostra e de WAOR

(2013), trata-se de influências tradicionais e culturais. Isto indica que o ambiente, as instituições, as normas socioeconómicas, culturais e os factores demográficos prejudicaram a acessibilidade dos recursos das mulheres.

Quadro 3. Grau de acessibilidade dos recursos fundiários

	Dega		Woina Dega		Kolla		Total	
	NRP	%	NRP	%	NRP	%	NRP	%
Os homens e as mulheres têm igualmente acessível para a terra recursos?	Sim Atc. 32	32	14	14	16	22	62	19
	Exp. 24		16		20			
	Sem Atc. 68	68	86	86	84	78	238	81
	Exp. 76		84		80			
	Total 100	100	100	100	100	100	300	100

Fonte: *Baseado em inquérito de campo* $\chi^2 = 8,5$; C.V = 5,99; p = 0,05; df = 2

A outra caraterística das terras agrícolas tem algo a ver com a fragmentação espacial das parcelas. Trata-se de uma forma comum de disposição das terras na Etiópia em geral e na área de estudo em particular. A dispersão das parcelas implica uma distância entre as herdades e as explorações agrícolas, o que exige mais tempo e trabalho. No caso da posse de parcelas distantes, os membros do agregado familiar têm de viajar e transportar alfaias e produtos agrícolas, cuja procura de tempo e mão de obra aumenta progressivamente com a distância. A viagem de ida e volta para as parcelas distantes é bastante considerável. O impacto é muito mais grave para as mulheres do que para os homens, devido ao seu duplo papel, tanto nas herdades como nas explorações agrícolas.

Como mostra a Tabela 4, em termos de medida local, ou seja, *timad* (aproximadamente 0,25 ha) da população total, cerca de 57% têm menos de um hectare de terra. Os resultados indicam que (16,5%) dos agregados familiares têm menos de um e um *timad*. A maioria das pessoas (40,5%) possuía 2-3 *timads* e 32,5% dos inquiridos categorizados em 4-5 *timads*. Os outros (10,5%) têm mais de cinco *timads*. Em termos de agro-ecologia, os camponeses de Woina Dega têm menos parcelas de cultivo do que os das zonas de Dega e Kolla. Isto tem algo a ver com a elevada pressão populacional.

Tabela 4. Distribuição dos inquiridos por agro-ecologia e categoria de dimensão da parcela

Tamanho das parcelas	Dega		Woina Dega		Kolla		Total	
	NRP	%	NRP	%	NRP	%	NRP	%
Inferior a 1 timad *	10	10	11	11	4	4	25	9
Um timad	8	8	7	7	8	8	23	7.5
2 - 3 timads	30	30	45	45	42	42	117	40.5
4-5 timads	48	48	31	31	20	20	99	32.5
Mais de 5 timads	4	4	6	6	26	26	36	10.5
Total	100	100	100	100	100	100	300	100

Fonte: *Baseado no inquérito de campo;* 1* timad é aproximadamente 0,25 hectares; NRP =Número de inquiridos

3.2. Mulheres e recursos hídricos

As mulheres recolhem a água e gerem-na para uso doméstico, assegurando um abastecimento adequado, armazenando-a e mantendo-a limpa enquanto estiver armazenada em casa. Também desempenham papéis fundamentais de gestão comunitária no abastecimento doméstico de água a nível da comunidade, incluindo a manutenção das fontes tradicionais. Ao longo dos séculos, as mulheres adquiriram vastos conhecimentos sobre a qualidade da água, a saúde e o saneamento. Como mostra a Tabela 5, os inquiridos afirmaram que as principais fontes de água no distrito são nascentes, lagoas, rios e poços (água subterrânea). As tarefas de ir buscar água são deixadas exclusivamente às mulheres, que se envolveram em cerca de 70,5% dos agregados familiares da amostra. As crianças também participaram em 19,5%, mas são as raparigas que carregam o maior fardo. A participação dos homens na recolha e transporte de água é muito baixa, com apenas 7,5% deles. Isto implica que qualquer esforço de desenvolvimento para fornecer água deve ser feito para aliviar os problemas que as mulheres enfrentam devido à falta de água potável.

Tabela 5. Tarefas específicas de género na recolha de água

AEZ	Mulheres		Homens		Ambos		Crianças		Total	
	NRP	%	NRP	%	NRP	%	NRP	%	NRP	%
Dega	66	66	8	8	4	4	22	22	100	25
Woina Dega	71	71	8	8	3	3	18	18	100	50
Kolla	74	74	6	6	0	0	20	20	100	25
Total	211	70.3	22	7.3	7	2.3	60	20.0	300	100

Fonte: *Com base num inquérito de campo; AEZ = zona agro-ecológica e NRP = número de inquiridos*

As mulheres são boas gestoras da água na área de estudo. No entanto, muitas pessoas sofrem de stress hídrico numa base sazonal e anual, devido à falta de acessibilidade e disponibilidade de água portátil. Como os resultados mostraram, mais de metade dos habitantes da área de estudo não dispunham de água potável. Continuam a utilizar água não segura de nascentes, rios e lagoas. As mulheres continuam a carregar água às costas, mesmo quando estão grávidas ou a amamentar. A situação é particularmente grave na zona agro-ecológica de *Kolla,* onde 72% não têm acesso a água potável (Quadro 6). Como também foi relatado pela ONU Mulheres (2014), a proporção de mulheres rurais afectadas pela escassez de água, por exemplo, é estimada em 55% em África, 32% na Ásia e 45% na América Latina, com o tempo médio de recolha de água na estação seca de 1,6 horas por dia. Se os recursos hídricos são escassos, isso afecta negativamente tanto os homens como as mulheres, com uma menor produtividade. Simultaneamente, afecta mais as mulheres e as crianças, com mais carga de trabalho e trabalho pesado e uma nutrição mais pobre do que os homens e os rapazes.

Tabela 6. Acesso a água potável na área de estudo

	Número de famílias com acesso		Número de famílias sem acesso		Total	
AEZ	Não.	%	Não.	%	Não.	%
Dega	36	36	64	64	100	25
Woina Dega	67	67	33	33	100	50
Kolla	28	28	72	72	100	25
Total	131	49.5	169	50.5	300	100

Fonte: *Baseado em no inquérito de campo; AEZ de= Zona agro-ecológica e= Agregados HHs familiares*

3.3. Mulheres no consumo e gestão da energia da biomassa

Ao longo dos séculos, as mulheres têm recolhido e gerido a energia da biomassa para consumo doméstico. A maior parte da energia doméstica nas zonas rurais da Etiópia provém diretamente de fontes de biomassa que incluem a lenha, o carvão vegetal, os resíduos agrícolas, o estrume dos animais e os arbustos. O fardo da crise da lenha é suportado pelas mulheres porque são elas que têm a responsabilidade de satisfazer as necessidades energéticas do agregado familiar através da recolha, preparação e utilização do combustível. A preparação da lenha, cozinhar e cuidar do fogo são tarefas quase exclusivas das mulheres e das raparigas. Os dois quadros seguintes mostram este facto. Como mostra a Tabela 7, a maioria dos inquiridos (94%) utilizava estrume animal. As restantes fontes de energia foram a madeira (71%), o gás/querosene (82%) e os resíduos de culturas (44%). Devido à falta de recursos e de consciencialização das pessoas, foi utilizada uma menor quantidade de carvão vegetal no consumo de energia. Em termos de zonas agro-ecológicas, a madeira e os arbustos foram mais utilizados na zona de Kolla do que nas outras. O gás/querosene é utilizado como eletricidade durante a noite e não para cozinhar.

Tabela 7. Origem do consumo de energia

	Dega		Woina Dega		Kolla		Total	
Fontes de energia	NRP	%	NRP	%	NRP	%	NRP	%
Estrume animal	100	100	100	100	76	76	276	92.0
Madeira	56	56	68	68	90	90	214	71.3
Resíduos de culturas	24	24	42	42	68	8	134	44.7
Carvão vegetal	10	10	10	10	14	14	34	11.3
Arbusto	16	16	12	12	46	46	74	24.7
Gás/querosene	84	84	89	89	64	64	237	79.0

Fonte: *Baseado no inquérito de campo e NRP = Número de inquiridos*

Em quase todos os países, foram documentadas longas horas de trabalho das mulheres, tanto em actividades domésticas como económicas (11 a 14 horas por dia). Em comparação com os homens, as mulheres nas zonas rurais dos países em desenvolvimento passam longas horas a trabalhar em actividades de sobrevivência, como a recolha de lenha (75%), o transporte de água (90%), o processamento de alimentos (76%), a cozinha (100%) e 75% dos cuidados com pequenos animais (Quadro 8), como também foi relatado pela ONU-Mulheres (2014), da carga total de trabalho, as mulheres carregam em média 53% nos países em desenvolvimento e 51% nos países industrializados.

Quadro 8. Afetação do tempo das mulheres e dos homens às actividades de sobrevivência (horas por dia)

Atividade	Dega			Woina dega			Kolla			Total		
	NRP	%	HPD	NRP	%	HPD	NRP	%	HPD	NRP	%	HPD
Recolha de lenha												
Mulheres	70	70	2.92	82	82	3.42	64	64	2.67	216	75	3.1
Homens	30	30	1.25	18	18	0.75	36	36	1.5	84	26	1.06
Transporte de água												
Mulheres	92	92	3.83	92	92	3.83	82	84	3.5	266	90	3.75
Homens	8	8	0.33	8	8	0.33	16	16	0.67	32	10	0.42
Transformação de alimentos												
Mulheres	74	74	3.08	82	82	3.42	66	66	2.75	222	76	3.17
Homens	26	26	1.08	18	18	0.75	34	34	1.42	78	24	1
Tempo de cozedura												
Mulheres	100	100	4.17	100	100	4.17	100	100	4.17	300	100	4.17
Homens	0	0	0	0	0	0	0	0	0	0	0	0
Cuidados com pequenos animais												
Mulheres	70	70	2.92	82	83	3.46	64	64	2.67	216	75	3.1
Homens	30	30	1.25	18	17	0.71	36	36	1.5	84	26	1.06
Tempo total médio de trabalho												
Mulheres	82	82	3.38	88	88	3.66	76	76	3.15	246	83	3.46
Homens	18	18	0.78	12	12	0.51	24	24	1.02	54	17	0.71

Fonte: *Baseado no inquérito de campo; NRP = Número de inquiridos e HPD = Horas por dia*

3.4. Mulheres e agricultura de subsistência

As mulheres rurais ajudam a preparar a quinta e depois aram, colhem, arrancam ervas daninhas e fazem transplantes, enquanto ela faz a ordenha e actua como pastor. Além disso, tecem tapetes, tentam fazer ferramentas e artesanato, cozem pão, cozinham, fazem tarefas domésticas, vão buscar água a fontes distantes, vão buscar lenha, cuidam das crianças, fiam lã e fazem coalhada, leitelho, iogurte, manteiga e óleo. Para além de tudo isto, são também mães e supervisoras familiares. As observações foram testadas através de testes de Qui-Quadrado para verificar se existia ou não uma diferença significativa entre as três zonas agro-ecológicas. Os resultados mostraram que havia uma diferença significativa entre as três zonas agro-ecológicas. No caso de *Kolla*, 94% das mulheres inquiridas da amostra participaram regularmente na produção agrícola. A participação das mulheres *em Woina Dega* e Dega foi de 82% e 74%, respetivamente (Quadro 9).

De acordo com este estudo, o Banco Mundial (2002) e Mihiret e Tadesse (2014), apesar disso, as mulheres rurais nos países em desenvolvimento fornecem 70% da mão de obra agrícola, 60-80% da mão de obra para a produção de alimentos para o agregado familiar, 100% da mão de obra para a transformação dos alimentos básicos, 80% para o armazenamento de alimentos e transporte da quinta para a aldeia, 90% para a recolha de água e lenha para o agregado familiar e 30% para a supervisão das famílias rurais. Isto sugere, por conseguinte, que o seu papel na exploração e gestão dos recursos naturais não pode ser posto em causa. No entanto, as suas actividades não são consideradas económicas e são simplesmente retiradas dos programas de agricultura e desenvolvimento rural

Quadro 9. Taxa de participação das mulheres nas actividades de produção vegetal

Tipos de actividades		Dega		Woina Dega		Kolla		Total	
		NRP	%	NRP	%	NRP	%	NRP.	%
Participou	Ato	74	74	82	82	94	94	250	83
	Exp	83	-	83	-	83	-	249	-
Não participou	Ato	26	26	18	18	6	6	50	17
	Exp	17	-	17	-	17	-	51	-
Total		100	100	100	100	100	100	300	100

Fonte: *Baseado no Inquérito de Campo* $\chi^2 = 7{,}23$; C.V $= 5{,}99$; $\alpha = 0{,}05$ e df $= 2$; NRP $=$ Número de inquiridos

As questões que se colocam são: por que razão existem diferenças entre as actividades das mulheres nas zonas agro-ecológicas? As razões do envolvimento das mulheres diferem consoante as zonas agro-ecológicas e a natureza das culturas semeadas na zona. Alguns tipos de culturas, nomeadamente o *teff*, o milho, a mapira e algumas leguminosas, nunca foram semeadas nas zonas de *Dega*, mas são comuns nas zonas de *Kolla* e *Woina Dega*. Estes tipos de culturas necessitam de mão de obra intensiva, particularmente na época da monda. As outras razões são a dimensão da exploração agrícola e o nível de rendimento do agregado familiar. O primeiro determina em grande parte o grau de participação das mulheres na produção agrícola. Se a dimensão da exploração é maior, necessita de mais mão de obra doméstica, incluindo mulheres. Em alguns casos, os agregados familiares com um nível de rendimento elevado tendem a utilizar mão de obra contratada, não exigindo mão de obra feminina. A participação das mulheres nos trabalhos quotidianos da agricultura é elevada em todas as zonas agro-ecológicas. A única diferença é o grau de participação. As mulheres da zona de *Kolla* estão mais envolvidas do que as mulheres das zonas de *Woina Dega* e *Dega*.

3.5. Mulheres e recursos Acessibilidade

Na área de estudo, os homens têm o direito de registar e controlar os recursos da terra, enquanto que às mulheres é culturalmente negado esse direito, exceto quando se divorciam ou ficam viúvas. No inquérito, foi feita uma nova tentativa para compreender o sentimento das mulheres em relação à prática existente de registo de terras. Nenhuma das inquiridas manifestou desagrado em relação à tradição de registar as terras em nome dos maridos. O outro aspeto do sistema de controlo de recursos é quem detém o rendimento proveniente de várias fontes. Foram identificadas diferentes fontes de rendimento e foi pedido aos inquiridos que expressassem quem detém o dinheiro proveniente dessas fontes e quem o deveria deter.

Os inquiridos afirmaram que as principais fontes de rendimento são decididas e controladas pelos maridos, enquanto as fontes de rendimento menores são controladas pelas mulheres em todas as zonas agro-ecológicas. A gestão da produção agrícola (86%) e dos animais de grande porte, incluindo gado bovino, ovino, caprino e equino (91%), era predominantemente efectuada pelos maridos, enquanto os animais de pequeno porte, como as aves de capoeira (84%) e os produtos lácteos (82%); o artesanato, como a fiação de algodão e lã, a cestaria de ervas, a olaria, etc. (88%) e os licores locais, como o *areky/katicala e o tella* (95%), eram efectuados pelas mulheres. No caso das actividades de recolha de lenha, podemos observar duas formas na área. Se a quantidade de lenha/materiais de construção for grande em tamanho e quantidade, como por exemplo o eucalipto, os recursos são maioritariamente executados por homens (19%), enquanto que a menor quantidade e as madeiras secas embaladas em seres humanos ou animais, e a preparação de estrume animal para a atividade de combustível são executadas por mulheres cerca de 81% (Tabela 10).

Tabela 10. Controlo do património familiar nos agregados familiares da amostra

Tipos de fontes de rendimento	*Dega*		*Woina Dega*		*Kolla*		Total	
	H	W	H	W	H	W	H	W
Produções vegetais NRP	74	26	89	11	94	6	257	43
%	74	26	89	11	94	6	85.7	14.3
Animais de grande porteNRP	94	6	82	18	98	2	274	26
%	94	6	82	18	98	2	91.3	8.7
Pequenos animaisNRP	22	78	17	83	10	90	49	251
%	22	78	17	83	10	90	16.3	83.7
Produtos lácteosNRP	14	86	10	90	30	70	54	246
%	14	86	10	90	30	70	18.0	82.0
ArtesanatoNRP	8	92	9	91	20	80	37	263
%	8	92	9	91	20	80	12.3	87.7
Cerveja localNRP	5	95	7	93	4	96	16	284

%	5	95	7		93	4	96	5.3	94.7
LenhaNRP	4	96	8		92	46	54	68	242
%	4	96	8		92	46	54	19.3	80.7

Fonte: *Baseado no inquérito de campo; H = marido; W = mulher e NRP = número de inquiridos*

Tal como também foi referido por Zenebework (2003), tradicionalmente, em todas as culturas indígenas etíopes, o espaço público é considerado um domínio masculino. As mulheres têm tido pouco a dizer em matéria de assuntos públicos. Não têm praticamente nenhum poder de decisão no que respeita à distribuição de recursos a nível comunitário. No entanto, a nível doméstico, as mulheres têm algum poder de decisão limitado. Quando se fala de recursos fundiários na Etiópia, numa escala tradicional ou moderna, pensa-se no homem na linha da frente. As mulheres ocupam posições marginais no que respeita ao acesso, à decisão e ao controlo dos recursos (Banco Mundial, 2007; Zenebework, 2003).

3.6. Desafios relacionados com as infra-estruturas e a prestação de serviços

A população de Delanta sofreu de escassez de alimentos e de fome, principalmente devido ao atraso das práticas agrícolas, às chuvas irregulares, às pequenas propriedades, às secas recorrentes e à utilização inadequada dos recursos. As mulheres são a espinha dorsal das circunstâncias socioeconómicas na Etiópia rural em geral e na área de estudo em particular. No entanto, a existência de diferentes tabus e as fomes recorrentes tornaram as suas vidas muito mais complicadas. Alguns dos principais desafios que as pessoas enfrentam na área de estudo são a falta de transportes (85%), a quantidade e a qualidade dos alimentos (84%) devido à geada e à escassez de chuvas (seca), a quantidade e a qualidade dos recursos hídricos (82%), a escassez de serviços de saúde na área (74%) e a escassez de lenha (55%) devido à desflorestação e às disposições conexas (Quadro 11).

Quadro 11: Acessibilidade das infra-estruturas e recursos de base

Atividade	*Dega*		*Woina Dega*		*Kolla*		Total		Classificação
	NRP	%	NRP	%	NRP	%	NRP	%	
Alimentação (quantidade e qualidade)	94	94	87	87	70	70	251	83.7	2
Falta de serviços de saúde	68	68	62	62	92	92	222	74.0	4
Escassez de lenha	70	70	51	51	44	44	165	55.0	5
Falta de serviço de educação	20	20	28	28	28	28	76	25.3	7
Falta de transporte	86	86	89	89	80	80	255	85.0	1
Falta de factores de produção agrícola	46	46	47	47	38	38	131	43.7	6
Água (quantidade e qualidade)	90	90	73	73	84	84	247	82.3	3

Fonte: *Baseado no inquérito de campo; NRP = Número de inquiridos*

Quando analisámos apenas as mulheres inquiridas, a qualidade e a quantidade de alimentos (63%), a água (62%), os problemas de saúde (56%), a falta de transporte (64%) e a lenha (41%) eram mais susceptíveis para as mulheres da zona (Quadro 12). Como já foi referido, a insegurança dos sistemas de posse da terra reduz o incentivo das mulheres rurais para melhorarem a gestão dos recursos naturais e as práticas de conservação, uma vez que as mulheres têm acesso limitado a inovações tecnológicas nos programas de extensão agrícola, formação de competências e programas de apoio, incluindo serviços de crédito e empréstimos, instalação e manutenção de centrais de água ou de biogás, que se destinam principalmente aos homens e não às mulheres.

Quadro 12: Mulheres inquiridas sozinhas

Dega			Woina Dega		Kolla		Total	
Atividade	NRP	%	NRM	%	NRP	%	NRP	%
Alimentação (quantidade e qualidade)	71	70.5	65	65.3	53	52.5	188	62.8
Falta de serviços de saúde	51	51.0	47	46.5	69	69.0	167	55.5
Escassez de lenha	53	52.5	38	38.3	33	33.0	124	41.3
Falta de serviço de educação	15	15.0	21	21.0	21	21.0	57	19.0
Falta de transporte	65	64.5	67	66.8	60	60.0	191	63.8
Falta de factores de produção agrícola	35	34.5	35	35.3	29	28.5	98	32.8
Água (quantidade e qualidade)	68	67.5	55	54.8	63	63.0	185	61.8

Fonte: *Baseado no inquérito de campo; NRP = Número de inquiridos*

4. CONCLUSÕES E RECOMENDAÇÕES

O desenvolvimento sustentável no Distrito de Delanta depende essencialmente de uma abordagem equilibrada que inclua a conservação da biodiversidade, a gestão sustentável das terras e florestas existentes, a exploração reduzida de novos recursos florestais, a adaptação de sistemas agrícolas eficientes e a criação de ligações de comercialização adequadas. A expansão da área agrícola para a floresta primária acessível deve também ser controlada através da adaptação de melhores práticas agrícolas.

As disparidades de género em termos de oportunidades de trabalho, rendimento, educação e tomada de decisões foram observadas no Distrito de Delanta. As mulheres são excluídas das oportunidades económicas, dos serviços da rede social e da tomada de decisões. Estas exclusões estão relacionadas com tabus culturais, tecnologias atrasadas e religiões partidárias. Na área de estudo, as mulheres não lavram com bois e os homens não cozinham os alimentos. Estes são tabus contra as mulheres e os homens. Os programas de formação da extensão agrícola quase não têm participantes mulheres. Isto marginaliza ainda mais as mulheres.

O empobrecimento do ambiente e a degradação dos recursos aumentam a carga de trabalho e a fadiga das mulheres. São estes os resultados do facto de as mulheres percorrerem longas distâncias para apanhar lenha e água. As mulheres reconhecem os recursos naturais, não só para a produção de culturas, mas também para combustível e água, e a incorporação destas preocupações nos planos e políticas de gestão ambiental libertaria mais tempo para as mulheres gerarem rendimentos, cuidarem dos filhos e se desenvolverem pessoalmente.

As mulheres estão muito mais próximas dos recursos hídricos, florestais ou de lenha, forragem e terra do que outros membros da comunidade, o que as torna indispensáveis para a gestão dos recursos naturais. De um modo geral, elas são conservacionistas e sustentadoras do ambiente natural na área de estudo.

Por conseguinte, o reconhecimento e a capacitação das mulheres nestes e em muitos outros papéis poderiam acelerar a conservação e a utilização correcta dos recursos naturais.

5. AGRADECIMENTOS

O autor está grato ao Ministério da Educação por me ter concedido a bolsa de estudo. Os meus agradecimentos mais profundos e sinceros vão para as minhas queridas famílias e colegas pelo seu apoio, ideias, moral e materiais durante o trabalho.

6. Referências

Agarwal, B., 2010. Gender and green governance: the political economy of women's presence within and beyond community forestry. Oxford: Oxford University Press.

APF (Africa Partnership Forum), 2007. Gender and economic empowerment in Africa, 8th meeting of the Africa partnership forum, Berlim. 22-23 de maio de 2007.

Belay, Z., 2016. Recursos, utilizações e propriedade da terra na Etiópia: Passado, presente e futuro. Revista Internacional de Investigação Científica e Tecnologia de Engenharia, 2 (1): 17-24.

Blackden, C., 2006. Gender, time use and poverty in Sub Saharan Africa (Género, utilização do tempo e pobreza na África Subsariana). Washington D.C. Banco Mundial.

Boakye-Achampong S, Mensah JO, Aidoo R e Osei-Agyemang K (2012). O papel das mulheres rurais na consecução da segurança alimentar das famílias no Gana: A case study of women- farmers in Ejura-Sekyeredumasi District. *Revista Internacional de Ciências Puras e Aplicadas e Tecnologia,* 12(1): 29-38

Bremner, J., D. López-Carr, L. Suter, e J. Davis, 2010. Population, poverty, environment, and climate dynamics in the developing world, *Interdisciplinary Environmental Review*, 11(2/3):112-126.

Chayal, K., B. L. Dhaka, M. K. Poonia, S. V. S. Tyagi e S. R. Verma, 2013. Envolvimento das mulheres agrícolas na tomada de decisões na agricultura. *Stud Home Com Sci,* 7(1): 35-37.

Chen, S. e M. Ravillion, (2008). The developing world is poorer than we thought but no less successful in the fight against poverty. Documento de trabalho de investigação política do Banco Mundial 4703. Banco Mundial.

Coleman, F., 2008. Estratégias pan-africanas para a preservação ambiental: Porque é que os direitos das mulheres são o elo que falta. Berkeley Journal of Gender, Law and Justice. 181-207.

FAO (Organização das Nações Unidas para a Alimentação e a Agricultura) (2010). Dimensões de género do emprego agrícola e rural: Differentiated pathways out of poverty. Status, trends and gaps. FAO das Nações Unidas, Fundo Internacional para o Desenvolvimento Agrícola e Gabinete Internacional do Trabalho, Roma, Itália.

Fish, J., Y. Chiche, R. Day, N. Efa, A. Witt, R. Fessehaie, K.G. Johnson, G. Gumisizira e B. Nkanfu, 2010. Integração do género na prevenção e gestão de espécies invasoras. Programa Global de Espécies Invasoras (GISP), Washington DC, EUA, Nairobi, Quénia. 64.

GWA (Aliança para o Género e a Água), 2003. Aproveitando a sustentabilidade: Issues and trends in gender mainstreaming in water and sanitation. Um documento de referência para a Aliança para o Género e a Água.

Sessão sobre a água, 3rd Fórum Mundial da Água. Kyoto.

FIDA (Fundo Internacional para o Desenvolvimento Agrícola), 2011. Mulheres e desenvolvimento rural: Enabling poor rural people to overcome poverty. Roma, Itália.

Kramer D, G. U. 2009. A globalização e a ligação de comunidades remotas: A review of household. Ecological Economics , 2897-2909.

Lambrou, Y. e R. Laub, 2004. Gender perspectives on the conventions on biodiversity, climate change and deserti$cation (Perspectivas de género nas convenções sobre biodiversidade, alterações climáticas e desertificação). FAO, Departamento de Desenvolvimento Sustentável, Divisão de Género e População.

Madonsela, W. 2002. O impacto da liberalização do comércio no sector agrícola nas mulheres africanas: Ligações com a segurança alimentar e os meios de subsistência sustentáveis.

MEA, 2005. Ecosystems and human well-being: synthesis, Millennium Ecosystem Assessment Synthesis Reports, Island Press, Washington DC.

Mihiret M e Tadesse A (2014). O papel das mulheres e a sua tomada de decisão na gestão do gado e do agregado familiar. *Jornal de Extensão Agrícola e Desenvolvimento Rural*, 6(11): 347-353.

Mondal, M., 2013. O papel das mulheres rurais no sector agrícola da Ilha de Sagar, Bengala Ocidental, Índia. *Revista Internacional de Engenharia e Ciência*, 2(2): 81-86.

Nahusenay A, Kibebew K, Heluf G e Abayneh E (2014). Caracterização e classificação dos solos ao longo da toposequência no Maciço de Wadla Delanta, nas Terras Altas do Centro-Norte da Etiópia. *Jornal de Ecologia e Ambiente Natural,* 6(9): 304-320.

Novo Curso, 2010. Women, Natural resource management, and poverty: A Review of issues and opportunities. Mudar o rumo da sua vida.

Nuggehalli, R.L. P., 2009. Motivating factors and facilitating conditions explaining women's participation in co-management of Sri Lankan forests [Factores motivadores e condições facilitadoras que explicam a participação das mulheres na cogestão das florestas do Sri Lanka]. *Forest Policy and Economics*, 288293.

Nyamekye, E. e S. B. Oppong-Mensah, 2016. Relações de género no seio do agregado familiar e actividades económicas informais das mulheres em Tamale, no norte do Gana. *Revista Internacional de Ciências Sociais e Humanas,* Vol. 10 (2):13-25

Equipa SOFA e C. Doss 2011. O papel das mulheres na agricultura. *Documento de trabalho da ESA n.º 1102*. Organização das Nações Unidas para a Alimentação e a Agricultura: Divisão Económica de Desenvolvimento Agrícola, P. 47.

Solar, W.R., 2010. Mulheres rurais, género e alterações climáticas: A Literature review invited perspectives on climate change impacts and processes of adaptation in Cambodia. Copyright @ Oxfam America, Camboja.

Tsegaye D, T. Dessalegn, A. Yimam, M. Kefale, 2012. Grau de participação e tomada de decisões das mulheres rurais nas actividades de produção de sementes. *Global Advanced Research Journal of Agricultural Science,* 1(7): 186-190.

UN-Women Watch, 2009. Mulheres, igualdade de género e alterações climáticas. Para mais informações sobre os compromissos globais da ONU, resoluções e outros resultados intergovernamentais, publicações da ONU, outros recursos nos sítios Web da ONU e eventos da ONU: http://www.un.org/womenwatch/feature/climate change/

ONU-Mulheres (Nações Unidas Mulheres) (2014). Inquérito mundial sobre o papel das mulheres no desenvolvimento 2014: Igualdade de género e desenvolvimento sustentável.

WAOR (Relatório do Gabinete de Agricultura de Wereda) (2013). Relatório do departamento de agricultura e desenvolvimento de recursos naturais de Delanta Wereda. Wegeltena, Etiópia.

Banco Mundial. 2002. Designing and implementing agricultural extension for women farmers. Banco Mundial, Divisão de Mulheres e Desenvolvimento; Notas Técnicas. Washington DC.

Banco Mundial, 2007. Women's economic empowerment for poverty reduction and economic growth in Ethiopia 2006, http:// www.prb/org/datalind

Zenebework, T. 2003. Women and Land Right in Third World: O caso da Etiópia. In: Wanyeki, L. Muthoni (ed.). *Women and Land in Africa: Culture, Religion Realizing Women's Rights*. Londres e Nova Iorque, Zed Books Ltd.

Extensão e recrutamento de mulheres rurais na divisão do trabalho na Etiópia: O Caso do Distrito de Delanta, Zona Sul de Wello

Nahusenay A.

Departamento de Geografia e Ciências Ambientais, Faculdade de Ciências Sociais e Humanas, Universidade de Samara, Etiópia

nahugeta@gmail.com (Nahusenay Abate)

RESUMO

A agricultura é a atividade económica predominante, caracterizada por sistemas agrícolas mistos de subsistência. O objetivo deste estudo é investigar a divisão do trabalho entre os sexos na Etiópia, no caso do distrito de Delanta, no Sul de Wello. Avaliou os vários tipos de actividades realizadas pelas mulheres e identificou as desvantagens gerais com que se deparam. O inquérito foi realizado em quatro distritos rurais e em 300 agregados familiares, tendo sido entrevistadas 225 mulheres e 75 homens. Os entrevistados foram seleccionados através de uma técnica de amostragem aleatória estratificada, tendo sido escolhidos 50 agregados familiares de cada distrito rural. Os dados foram analisados através de estatísticas descritivas. Os resultados mostraram que as mulheres desempenham o papel principal na divisão do trabalho entre os géneros na área de estudo. As mulheres desempenham predominantemente a preparação do armazenamento (84%) e o processamento pós-colheita (81%), o processamento do leite (83%), a limpeza do estábulo (61%) e os cuidados com os animais recém-nascidos (52%), a cozinha (94%), a moagem (88,5%), a recolha (80%) e a recolha de lenha (75%). Também são desempenhadas em pé de igualdade com os homens a monda (53%), a colheita e recolha das colheitas para a eira (52%), a preparação da eira (80%) e a proteção das colheitas contra a vida selvagem (37%). Apesar do seu papel crucial nos sectores agrícolas, as mulheres têm sido marginalizadas há muito tempo. Têm um acesso e um controlo limitados dos produtos agrícolas, dos serviços de extensão e da informação. Isto deve-se à discriminação social, cultural e laboral. Esta discriminação, por sua vez, fez com que as mulheres perdessem a auto-confiança no poder de decisão. Assim, para reforçar e desenvolver as mulheres nos domínios económico, social e político, os governos federais e regionais e outros organismos interessados devem tomar todas as medidas adequadas para garantir a igualdade das mulheres em relação aos homens, sem qualquer discriminação. As mulheres devem também participar em todas as fases de planeamento, execução e avaliação dos projectos.

Palavras-chave: Agricultura, divisão do trabalho, género, mulheres rurais, mulheres,

1. INTRODUÇÃO

As mulheres trabalham na agricultura como agricultoras por conta própria, como trabalhadoras não remuneradas em explorações familiares e como trabalhadoras remuneradas ou não remuneradas noutras explorações e empresas agrícolas. Na agricultura, a maioria das mulheres é produtora de alimentos, trabalhando em explorações familiares conjuntas e cuidando das suas próprias terras para a produção de alimentos para o agregado familiar, enquanto apenas uma pequena percentagem é agricultora independente (Shafiwu *et al.*, 2013). Estão envolvidas na produção agrícola e pecuária, tanto a nível de subsistência como comercial. Produzem alimentos e culturas de rendimento e gerem operações agrícolas mistas que envolvem frequentemente culturas e criação de gado. Todos eles são considerados parte da força de trabalho agrícola. A produção sustentável de alimentos é o pilar da segurança alimentar. As mulheres dos países em desenvolvimento desempenham um papel vital na manutenção dos três pilares da segurança alimentar - produção de alimentos, acesso económico aos alimentos disponíveis e segurança nutricional (ActionAid, 2011).

As mulheres dão importantes contributos para as economias agrícolas e rurais de todas as regiões do mundo. No entanto, a contribuição exacta, tanto em termos de magnitude como de natureza, é muitas vezes difícil de avaliar e apresenta um elevado grau de variação entre países e regiões. De acordo com Sofa team e Doss (2011), as mulheres representam cerca de 43% da mão de obra agrícola a nível mundial e nos países em desenvolvimento. A média global é dominada pela Ásia - na Ásia, as médias sub-regionais variam entre cerca de 35% no Sul da Ásia e quase 50% no Leste e Sudeste Asiático. A média asiática é dominada pela China, onde a percentagem feminina da mão de obra agrícola aumentou ligeiramente durante as últimas três décadas. A percentagem feminina na Índia é de 30% e na África Subsariana de 50%. As médias africanas variam entre pouco mais de 40% na África Austral e 50% na África Oriental.

Atualmente, cerca de 60 a 80% dos alimentos básicos em África e mais de metade de todos os alimentos em todo o mundo são produzidos por pequenos agricultores do sexo feminino (BMGF, 2008; Shafiwu *et al.*, 2013). As mulheres têm taxas de participação na força de trabalho relativamente elevadas e as taxas médias de participação na força de trabalho agrícola mais elevadas do mundo. São responsáveis por cerca de 70-80% da produção de alimentos na África Subsariana (Boakye-Achampong *et al.*, 2012); realizam cerca de 90% do trabalho de processamento de culturas alimentares e de fornecimento de água e lenha para uso doméstico, bem como o trabalho de sachar e mondar, 80% do trabalho de armazenamento de alimentos e transporte da exploração agrícola para a aldeia, e 60% do trabalho de colheita e comercialização dos produtos agrícolas (Ogato *et al.*, 2009). As normas culturais da região há muito que incentivam as mulheres a serem economicamente autónomas e, tradicionalmente, atribuem-lhes uma responsabilidade substancial pela produção agrícola por direito próprio. Os dados regionais relativos à África Subsariana escondem grandes diferenças entre os países.

Quando as mulheres são económica e socialmente capacitadas, tornam-se uma força potente para a mudança. Nas zonas rurais do mundo em desenvolvimento, as mulheres desempenham um papel fundamental na gestão dos agregados familiares e dão grandes contributos para a produção agrícola. Mas as desigualdades existentes entre homens e mulheres dificultam a realização do seu potencial (FIDA, 2011). Uma fonte inexplorada de crescimento agrícola para ajudar a satisfazer estas necessidades poderia residir na redução do preconceito contra as mulheres na agricultura. Por outras palavras, o lugar do género como uma questão fundamental para garantir a segurança alimentar, tanto a nível nacional, como familiar e individual, não pode ser demasiado enfatizado. Isto porque está a ser dada cada vez mais atenção à dimensão de género da pobreza e do desenvolvimento, particularmente em relação ao papel das mulheres nos processos agrícolas (Nahusenay e Tesfaye, 2015).

As mulheres rurais desempenham um papel fundamental, trabalhando com toda a paixão na produção de culturas, desde a preparação do solo até às actividades pós-colheita. As suas actividades incluem naturalmente a produção de culturas, a criação de gado, a transformação e preparação de alimentos, a recolha de água e de lenha, o trabalho remunerado em empresas agrícolas ou outras empresas rurais, o cuidado dos membros da família e a manutenção das suas casas (Chayal *et al.*, 2013). As mulheres rurais, em particular nos países em desenvolvimento, exercem dificuldades ao assumir papéis triplos, ou seja, o papel produtivo, o papel reprodutivo e o papel de participação comunitária na sua vida quotidiana.

A história das mulheres sobrecarregadas de trabalho nas zonas rurais dos países em desenvolvimento e subdesenvolvidos do mundo é demasiado conhecida. Os seus salários são geralmente mais baixos porque se parte do princípio de que a eficiência do trabalho das mulheres é fraca em comparação com a dos homens (FIDA, 2011). As mulheres trabalham mais tempo do que os homens para atingir o mesmo nível de vida. Raramente têm acesso aos recursos que tornariam o seu trabalho mais produtivo e aliviariam a sua pesada carga de trabalho. Em geral, a carga de trabalho das mulheres rurais excede a dos homens e inclui uma maior proporção de responsabilidades domésticas não remuneradas relacionadas com a preparação de alimentos e a recolha de combustível e água (FAO, 2011). As actividades intensivas em mão de obra e que consomem muito tempo dificultam ainda mais a capacidade das mulheres para melhorar o seu potencial de rendimento. Em última análise, não são apenas as mulheres que são prejudicadas, mas também as suas famílias, as suas comunidades e as economias locais. Há provas de que, à medida que as mulheres participam mais no mercado de trabalho sob a pressão da pobreza, o seu trabalho doméstico não é substancialmente transferido para os homens (Abdelali-Martini, 2011).

1.1. Declaração do problema

A divisão do trabalho entre os sexos varia de uma sociedade e de uma cultura para outra e, em cada cultura, as circunstâncias externas influenciam o nível de atividade. Exceto em alguns países mais desenvolvidos, os esforços das mulheres ainda não são percebidos pela sociedade. O papel das mulheres na garantia da segurança alimentar dos agregados familiares continua, em grande medida, a não ser reconhecido nas políticas e na afetação de recursos, especialmente nos países em desenvolvimento. As vozes e preocupações das mulheres rurais são pouco ouvidas a nível nacional e global (Boakye-Achampong *et al.*, 2012). O aumento da participação das mulheres na força de trabalho tem um impacto positivo no crescimento económico. O desenvolvimento rural em África não pode ser imaginado sem a participação ativa das mulheres.

As mulheres são pobres porque têm menos oportunidades económicas e menos autonomia do que os homens. O seu acesso aos recursos económicos, à educação, à formação e aos serviços de apoio é limitado. A sua participação na tomada de decisões é também muito reduzida. A rigidez dos papéis socialmente prescritos para as mulheres e a tendência para reduzir os serviços sociais aumentaram o peso da pobreza sobre as mulheres (Shafiwu *et al.*, 2013). O papel que as mulheres desempenham e a sua posição na resposta aos desafios da produção e do desenvolvimento agrícola são bastante dominantes e proeminentes. A sua relevância e significado, portanto, não podem ser enfatizados demais (Devender e Krishna 2011). Da mesma forma, Mondal (2013) revelou que as mulheres não têm poder para o processo de tomada de decisões, seja dentro ou fora de casa. No entanto, as mulheres realizam todas as presas agrícolas não mecanizadas e executam múltiplas tarefas que lhes acrescentam mais encargos. As mulheres que trabalham na agricultura sofrem de uma elevada taxa de analfabetismo e abandonam a escola. Não têm conhecimentos adequados sobre o sistema agrícola moderno. As mulheres ganham menos salários, especialmente no sector informal e privado. Por conseguinte, as mulheres não conhecem os seus direitos legais.

As mulheres representam mais de metade da força de trabalho, participando direta ou indiretamente em diferentes actividades. Segundo a FAO (2011) e Devender e Krishna (2011), as mulheres produzem mais de 44% do total de alimentos no mundo e 40% na Ásia Central. Produzem também entre 60 e 80% dos alimentos na maioria dos países em desenvolvimento e são responsáveis por metade da produção alimentar mundial. A sua contribuição para a mão de obra agrícola nos países desenvolvidos é de 36,7%, enquanto que nos países em desenvolvimento é de cerca de 43,6%. No entanto, o seu papel na economia tem sido frequentemente subestimado e o seu trabalho na agricultura tem sido invisível durante muito tempo. As contribuições das mulheres são frequentemente confrontadas com desafios específicos de género para a plena participação nas forças de trabalho, o que pode exigir intervenções políticas para além das que visam promover o crescimento económico e a eficiência dos mercados de trabalho rurais. As actividades, os recursos e as oportunidades das pessoas são significativamente influenciados pelo género - ou seja, pela dimensão socioeconómica e cultural de ser homem ou mulher (FIDA, 2011).

As mulheres agricultoras etíopes também enfrentam os desafios acima referidos. As suas limitações incluem a falta de terras para a agricultura, o acesso limitado à comunicação entre homens e mulheres e o controlo dos produtos agrícolas, as facilidades de crédito, a formação de competências, a educação, os serviços de extensão e a informação, e a sua contribuição não é apreciada. Neste sentido, as mulheres são negativamente influenciadas pelo padrão tradicional e pelas políticas económicas anteriores. A maioria delas fica à margem dos principais esforços e programas de desenvolvimento.

Nas zonas rurais da Etiópia, as mulheres desempenham o papel principal na produção agrícola, na criação de gado e nas indústrias caseiras e permanecem ocupadas desde o amanhecer até ao anoitecer para fornecer alimentos aos homens nos campos, ir buscar água, recolher lenha e gerir o gado. Até agora, sem a complementaridade do trabalho das mulheres, esses esforços e programas dificilmente funcionariam, apesar de os homens possuírem bens e factores de produção como a terra, o crédito, as sementes, o gado, a tecnologia e as infra-estruturas.

Como parte das mulheres etíopes, as mulheres rurais do distrito de Delanta, no Sul de Wello, partilham a subordinação feminina e os problemas gerais com que se deparam as mulheres etíopes. Estes problemas foram analisados neste estudo do ponto de vista de uma análise geográfica da população, em conjunto com as soluções necessárias. O predomínio dos homens em várias actividades geradoras de rendimentos afecta fortemente a capacitação económica das mulheres. O objetivo deste estudo foi, portanto, avaliar as actividades das mulheres rurais e a sua participação na produção agrícola para satisfazer a segurança alimentar da sua família. Mais especificamente, para responder à pergunta "qual é o papel das mulheres na agricultura e nas actividades domésticas? na área de estudo.

1.2. Objectivos do estudo

O objetivo geral do estudo é avaliar a divisão do trabalho do género na agricultura e nas actividades domésticas, bem como compreender os principais constrangimentos ao seu empoderamento. De acordo com este objetivo geral, os seguintes objectivos específicos foram conduzidos tomando o Distrito de Delanta do Sul de Wello como um estudo de caso. Os objectivos específicos do estudo seriam:

- Investigar a divisão do trabalho entre os sexos na agricultura e nas actividades domésticas; e

▪ Avaliar os principais condicionalismos que afectam a participação das mulheres rurais nos trabalhos agrícolas.

1.3. Questões de investigação

Para atingir estes objectivos, o documento definiu as seguintes questões de investigação:

▪ Quais são os principais papéis das mulheres na divisão do trabalho por géneros?

▪ Quais são os principais constrangimentos à participação das mulheres na divisão do trabalho de género?

2. MATERIAIS E MÉTODOS

3.1. Descrição da área de estudo

O distrito de Delanta situa-se entre 11° 29' 29.82" e 11° 41' 25.53" N e 39° 02' 19.19" e 39° 14' 05.04" E, com uma altitude que varia entre 1500 e 3819 metros acima do nível do mar, no fundo dos vales (Gosh Meda) e no topo da montanha (Mekelet), respetivamente. Está situado a cerca de 499 km a norte de Adis Abeba e a 98 km a noroeste da cidade de Dessie, na zona de South Wello. As principais formas de relevo do distrito incluem planaltos extensos, cadeias de colinas com cumeadas montanhosas, vales fluviais e gargantas muito profundas na fronteira. O distrito tem uma forma oval com um padrão de drenagem dendrítico, cumes íngremes e numerosas colinas convexas na área da planície e desfiladeiros na fronteira.

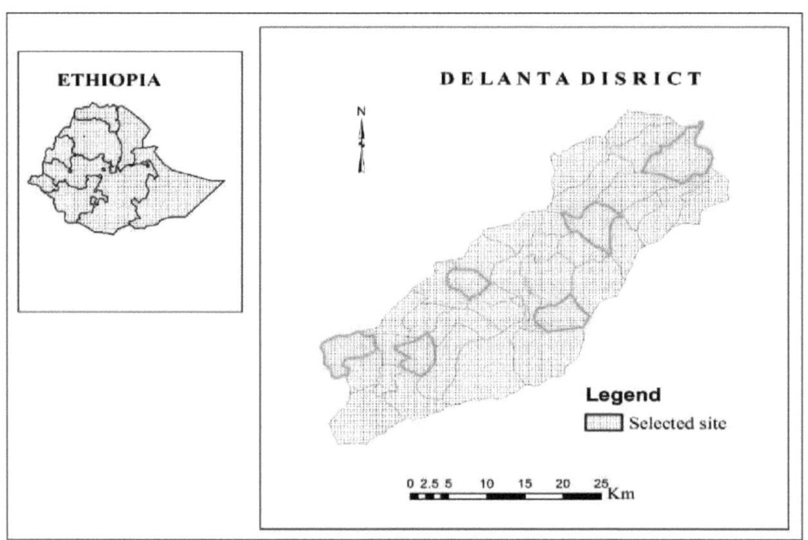

Figura 1: Mapa de localização da área de estudo

3.1.1. Clima da zona de estudo

De acordo com a classificação agro-ecológica tradicional da Etiópia, a área de estudo enquadra-se em todas as categorias que se correlacionam basicamente com a elevação. Estas são *Kolla (terras baixas)*, *Woina Dega (terras médias)*, *Dega (terras altas)* e Wurch (terras muito altas) (Quadro 1).

Quadro 1. Zonas agro-ecológicas tradicionais (ZCA) das terras altas do Norte da Etiópia

ACZ tradicional	*Kolla*	*Woina Dega*	*Dega*	*Wurch*
Elevação (m)	1500-1800	1800-2400	2400-3500	> 3500
Temperatura (°C)	18-20	15-18	10-15	< 10
Precipitação (mm)	300-900	500-1500	700-1700	> 900

| Cultura dominante | Sorgo, milho | teff, milho, trigo | Cevada, trigo | Cevada |

O clima da região é caracterizado por uma estação seca (de outubro a fevereiro, fria e seca, e de março a junho, quente e seca) e uma estação húmida (de meados de junho a setembro). O padrão de precipitação é monomodal com períodos de pico de meados de julho a princípios de setembro. A precipitação média anual de quinze anos (1999-2013) da área de estudo é de cerca de 812 mm, dos quais 75-80% são recebidos no verão (*Kiremt*) e 25-20% na primavera (*Belg*). As temperaturas médias anuais mínimas e máximas do mesmo período são de 6,8 e 19,6°C, respetivamente (Figura 2). As pessoas que vivem nas posições topográficas superiores têm as suas actividades agrícolas dependentes principalmente das chuvas de Belg, enquanto as que vivem nas posições topográficas médias e inferiores dependem tanto das chuvas de *Kiremt* como de *Belg*. No entanto, a precipitação é pequena, errática e pouco fiável e a área é propensa a secas esporádicas.

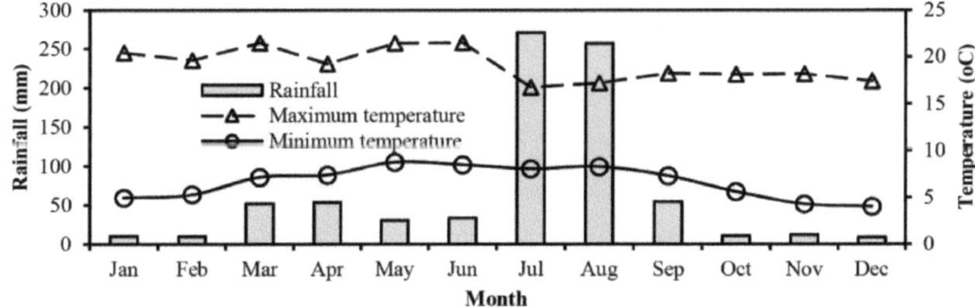

Figura 2. Precipitação média mensal e temperaturas máxima e mínima da área de estudo

3.1.2. Geologia e solos da zona de estudo

A geologia da área de estudo é caracterizada pela série de armadilhas dos períodos terciários, semelhante a grande parte das terras altas da Etiópia central. É coberta por riolitos do Oligoceno e por unidades de ignimbritos muito espessas, que incluem predominantemente basalto alcalino com numerosos fluxos de traquito entre camadas. Os tipos de rocha granítica, gnáissica e basáltica existem na área, fazendo parte do complexo basáltico, e a maioria dos solos é de material de origem basáltica. Os solos da área de estudo são grandemente influenciados pela topografia, com elevado escoamento superficial durante a principal estação das chuvas. Os solos são classificados como Mazi-Pellic Vertisols, Mazi-Calcic Vertisols, Haplic Cambisols e Mollic Leptosols (Nahusenay *et al.*, 2014).

3.1.3. Sistemas de uso do solo e sua cobertura

De acordo com o WAOR (2013), a área total do Distrito é de 10.5678 ha, que se estende desde as terras baixas até às terras altas, sendo que grande parte se situa nas faixas de altitude média dominadas por planaltos e todas elas foram abrangidas pela dinâmica LU/LC. A dimensão média das explorações é de um hectare por agregado familiar (0,75 ha para produção vegetal e 0,25 ha para pastagem). Os usos da terra são tanto privados (agricultura) como comunitários (pastoreio), que podem ser identificados através de padrões de uso da terra. A maior parte da terra não é atualmente utilizada, o que representa cerca de 45%. Cultivo e pastagem

As terras agrícolas são os principais tipos de uso do solo na área de estudo. A agricultura é o sector económico predominante que envolveu mais de 95% da população (WAOR, 2013). O sistema agrícola global era misto, tanto de produção animal como vegetal, e caracterizado por uma natureza de subsistência. Está fortemente orientado para a produção de culturas para sustentar os meios de subsistência dos agricultores e as suas principais fontes de tração para a lavoura e a debulha são os bois e os cavalos. Os resíduos das culturas e o pastoreio intensivo são os principais recursos alimentares para o gado na zona.

As culturas de sequeiro mais comuns na zona são o trigo panificável *(Triticum aestivum* L.*)*, a cevada alimentar *(Hordeum vulgare* L.), a fava (*Vicia faba* L.), a lentilha (*Lens culinaris* L.), a ervilha (*Lathyrus sativus* L.), o grão-de-bico (*Cicer arietinum* L.), o *teff* (*Eragrostis tef* L.) e o sorgo (*Sorghum bicolor* (L.) Moench. Todas estas culturas são geridas com recurso a técnicas e equipamentos agrícolas tradicionais. Além disso, são também produzidos alguns tipos de produtos hortícolas, frutos, tubérculos e especiarias. A maior parte da terra arável é cultivada em regime de sequeiro, enquanto uma área muito pequena é irrigada no fundo do vale ou em torno das margens dos rios para produzir legumes e frutas (WAOR, 2013).

A floresta e a vegetação naturais da área de estudo desapareceram devido ao sobrepastoreio, à procura crescente de lenha e à conversão em terras cultivadas. Existem pequenas manchas de florestas naturais remanescentes nos limites das explorações agrícolas e em redor das igrejas. Espécies arbóreas plantadas como o *Eucalyptus camaldulensis, Cupressus lustanica, Acacia saligna* e *Acacia decurrens* são comuns em redor de quintas e áreas conservadas. As plantações de *Eucalyptus camaldulensis estão* a substituir as terras aráveis/cultivadas e a expandir-se nos quintais, nas margens dos ribeiros e nas bermas das valas.

3.1.4. Dimensão e distribuição da população

De acordo com a projeção da CSA (2015), Delanta era uma área densamente povoada e o tamanho médio das famílias do distrito era de cinco pessoas. A população rural constituía 96,5% da população total, dos quais 51 homens e 49% mulheres. O distrito estava dividido em 33 distritos locais que se estendiam por diferentes zonas agro-ecológicas. A população do distrito não produzia normalmente alimentos para consumo durante todo o ano, mesmo num ano considerado normal do ponto de vista climático. Isto deve-se ao excesso de população, à grave degradação da terra, à escassez de terra e às chuvas irregulares.

3.2. Fontes de dados e técnicas de amostragem

O investigador foi conduzido em várias fontes e instrumentos de recolha de dados, incluindo fontes primárias e secundárias, testes-piloto e vários tipos de procedimentos de recolha de dados.

3.2.1. Tipos e fontes de dados

Para este estudo, foram considerados tanto os dados primários como os secundários. Os dados primários foram obtidos através de inquéritos aos agregados familiares, que foram administrados por meio de observações no terreno, questionários, entrevistas formais e discussões em grupos focais com mulheres rurais, homens, mulheres do escritório de assuntos sociais e outras autoridades interessadas. Para este efeito, foram elaborados questionários que foram entregues a todos os principais inquiridos. A maior parte dos itens eram de resposta fechada, mas também foram incluídas algumas perguntas de resposta aberta para obter informações qualitativas sobre as atitudes, crenças e práticas das pessoas. Os dados secundários de documentos publicados e não publicados de organizações governamentais e não governamentais foram extraídos para complementar e reforçar os dados primários. Os antecedentes históricos, culturais e socioeconómicos da área foram obtidos através de materiais secundários.

Para verificar a adequação dos itens do instrumento e fazer as correcções necessárias com base nos feedbacks obtidos dos inquiridos, foi realizado um teste-piloto com cinco homens e quinze mulheres. Com base nos resultados do pré-teste, foram introduzidas algumas melhorias na preparação dos questionários finais. Finalmente, foram distribuídas 350 cópias dos questionários aos principais inquiridos e todos eles foram preenchidos e recolhidos

3.2.2. Técnicas de amostragem

As populações-alvo foram as mulheres rurais e, para conhecer as atitudes dos homens em relação ao trabalho das mulheres, 25% da população total foi considerada masculina. A dimensão da amostra foi de 300 agregados familiares rurais, dos quais 75% eram mulheres. Um dos motivos do inquérito era investigar a variação dos padrões de trabalho agrícola e dos mecanismos de sobrevivência com base nas variações agro-ecológicas. Para este fim, foram seleccionados cinco distritos locais com base nas variações acima referidas e, para tornar o estudo manejável, foram seleccionados 60 agregados familiares de cada distrito rural utilizando técnicas de amostragem aleatória estratificada simples (Quadro 2).

3.3. Métodos de análise de dados

Os dados primários foram analisados e apresentados através de técnicas estatísticas descritivas e inferenciais. As técnicas descritivas incluem a percentagem, a frequência acumulada, o desvio padrão, enquanto as técnicas estatísticas inferenciais utilizaram testes de Qui-Quadrado. O teste

Qui-Quadrado foi utilizado para verificar a associação ou homogeneidade entre as zonas agro-ecológicas com referência às respostas relativas a trabalhos agrícolas e estratégias de sobrevivência utilizadas pelos camponeses durante a fome (escassez de alimentos) e os seus impactos.

Quadro 2: Local das associações de camponeses estudadas

Nome do sítio	NRP	Zona agro-ecológica
Ferqaqe	50	*Kolla* (planície < 2100 m)
Kembeh dega	50	*Dega* (Planalto > 2700 m)
Weyesequleho	50	*Dega* (Planalto > 2700 m)
Tardate medihanialem	50	*Woina Dega* (Midland entre 2100 e 2700 m)
Arka-Chinga	50	*Woina Dega* (Midland entre 2100 e 2700 m)
Wetege-Aberkut	50	*Kolla (planície < 2100m)*
Total	300	

Fonte: Com base num inquérito no terreno

3. RESULTADOS E DISCUSSÃO

3.1. Divisão do trabalho em função do género nas actividades de campo

A fim de compreender e analisar a divisão do trabalho entre os sexos, ou seja, a distribuição de tarefas entre homens e mulheres, pode ser utilmente categorizada em dois grupos, nomeadamente, a produção no campo e dentro do agregado familiar. A divisão do trabalho na área de estudo é tradicional. Ou seja, algumas tarefas são reservadas aos homens e outras às mulheres. As crianças, consoante o seu sexo, tendem a seguir as ocupações dos pais e a aprender com eles. Há uma clara divisão de trabalho baseada no género e na idade na produção de culturas, na criação de animais e nas tarefas domésticas.

3.1.1. Participação das mulheres na produção vegetal

A flexibilidade ou rigidez da divisão sexual do trabalho pode ser verificada ao nível da comunidade ou do agregado familiar através de uma combinação de observação direta (se o tempo permitir um inquérito de amostragem sazonal), confiança em informadores e entrevistas estruturadas com indivíduos. As mulheres rurais trabalham geralmente muito mais horas do que os homens. No entanto, é difícil dizer o tempo exato que as mulheres passam nas actividades agrícolas. A partir do inquérito efectuado na área de estudo, o autor deste documento chegou à conclusão de que as mulheres passam mais tempo na preparação da sementeira, na colheita das culturas, na monda, no transporte, na preparação do armazenamento, etc. Estas actividades podem ser realizadas individualmente ou através de trabalhos de grupo (*wonfel* e *debbo*). As mulheres também preparam comida e água potável para os participantes durante os trabalhos de grupo (Quadro 3). Como se pode ver no Quadro 3, os homens são os únicos que semeiam (89%), transportam os produtos para casa (86%), carregam as ferramentas agrícolas (82%), lavram (76%) e preparam a terra (69%), enquanto as mulheres ajudam os maridos nessas actividades. Por exemplo, as mulheres cobrem as sementes com terra quando os homens semeiam, puxam os cavalos quando a lavoura é feita, limpam os resíduos do campo e preparam o campo de debulha. Tanto os homens como as mulheres trabalham igualmente na preparação da eira (80%), na monda (53%), na colheita (corte de culturas como trigo, cevada, fava, etc., e arranque como linho, lentilhas, ervilha, etc.) (52%), na recolha e no transporte de grãos (culturas) para os campos de debulha (51%), como também foi referido por Abdelali-Martini (2011) no Médio Oriente e no Norte de África.

Quadro 3. Divisão do trabalho de género na produção vegetal

Atividade	Mulheres		Homens		Ambos		Crianças		Total
	NRP	%	NRP	%	NRP	%	NRP	%	NRM
Preparação do campo para a plantação	32	10.5	206	68.5	38	12.5	26	8.5	300

Lavrar a quinta em animais	29	9.5	227	75.5	24	8.0	21	7.0	300
Transporte de ferramentas agrícolas	21	7.0	243	81.0	21	7.0	15	5.0	300
Plantar/semear sementes	11	3.5	267	89.0	9	3.0	14	4.5	300
Proteger as culturas da vida selvagem	48	16.0	48	16.0	110	36.5	95	31.5	300
Remoção de ervas daninhas de plantas indesejadas	59	19.5	65	21.5	159	53.0	18	6.0	300
Cortar e colher colheitas	33	11.0	98	32.5	156	52.0	14	4.5	300
Recolha de culturas no solo do campo	51	17.0	71	23.5	152	50.5	27	9.0	300
Preparação do recipiente de armazenagem	252	84.0	26	8.5	8	2.5	15	5.0	300
Preparação do terreno para a debulha	15	5.0	29	9.5	239	79.5	18	6.0	300
Rendimentos de transporte até ao domicílio	12	4.0	258	86.0	12	4.0	18	6.0	300
Processo de armazenamento /post hasrvest	243	81.0	23	8	29	9.5	6	2.0	300

Fonte: Baseado no inquérito de campo; NRP = Número de inquiridos

No Distrito de Delanta, a ocupação esperada e mais importante dos membros da família com 10 anos ou mais é a agricultura. O emprego fora da agricultura é quase inexistente no Distrito. A agricultura é o principal ativo dos agricultores de subsistência no Distrito.

Quadro 4. Taxa de participação das mulheres nas actividades de produção vegetal

	Dega		*Woina Dega*		*Kolla*		Total	
Tipos de actividades	NRP%	NRP	%		NRP	%	NRP.	%
Ato	3774	82	82		47	94	166	83
ParticipouExp	41. 5-	83	-		41.5	-	-	-
Ato	1326	18	18		3	6	34	17
Não participadoExp	8. 5-	17	^B		8.5	^B	^B	^B
Total	50100	100	100		50	100	200	100

Fonte: Baseado no inquérito de campo $X^2 = 7{,}23$; C.V = 5,99; $\alpha = 0{,}05$ e df = 2; NRP = Número de inquiridos

As questões que se colocam são: por que razão existem diferenças nas actividades das mulheres nas zonas agro-ecológicas? As razões do envolvimento das mulheres diferem consoante as zonas agro-ecológicas e a natureza das culturas semeadas na zona. Alguns tipos de culturas, nomeadamente *teff*, milho, sorgo e algumas leguminosas nunca foram semeadas nas zonas de *Dega*, mas são comuns nas zonas de *Kolla* e *Woina Dega*. Estes tipos de culturas necessitam de mão de obra intensiva, particularmente na época da monda. As outras razões são a dimensão da exploração agrícola e o nível de rendimento do agregado familiar. O primeiro determina em grande parte o grau de participação das mulheres na produção agrícola. Se a dimensão da exploração é maior, necessita de mais mão de obra doméstica, incluindo mulheres. Em alguns casos, os agregados familiares com um nível de rendimento elevado tendem a utilizar mão de obra contratada, não exigindo mão de obra feminina. A participação das mulheres nos trabalhos quotidianos da agricultura é elevada em todas as zonas agro-ecológicas. A única diferença é o grau de participação. As mulheres da zona de *Kolla* estão mais envolvidas do que as mulheres das zonas de *Woina Dega* e *Dega*.

3.1.2. Participação das mulheres na produção animal

As políticas podem influenciar os incentivos económicos e as normas sociais que determinam se as mulheres trabalham, os tipos de trabalho que realizam e se este é considerado uma atividade económica, o stock de capital humano que acumulam e os níveis de remuneração que recebem. No distrito de Delanta, a atividade pecuária decorre em paralelo com a produção agrícola e todos os membros da família participam. A produção pecuária é a principal fonte de geração de rendimento, bem como a pioneira do estatuto de riqueza no Distrito. Como se pode ver na Tabela 5, as mulheres são as únicas responsáveis pelo processamento do leite (82,3%), pela limpeza do estábulo (60,7%) e pelo cuidado dos animais recém-nascidos (51,3%), enquanto os homens ajudam na alimentação dos animais (53%) e na ordenha das vacas (51,7%). O pastoreio do gado na área, cerca de 70,7% da tarefa foi realizada por crianças, como também foi relatado por Mihiret e Tadesse (2014) que a maioria das actividades domésticas são realizadas por esposas.

Quadro 5. Divisão do trabalho de género nas actividades pecuárias

Atividade	Mulheres		Homens		Ambos		Crianças		Total
	NRP	%	NRP	%	NRP	%	NRP	%	NRM
Vacas leiteiras	78	26.0	155	51.7	50	16.7	17	5.7	300
Transformação do leite	247	82.3	0	0.0	0	0.0	53	17.7	300
Alimentação animal	38	12.7	159	53.0	47	15.7	56	18.7	300
Limpeza dos dejectos dos animais/limpeza do pavilhão	182	60.7	9	3.0	8	2.7	101	33.7	300
Pastoreio de animais	20	6.7	47	15.7	21	7.0	212	70.7	300
Cuidados com o animal recém-nascido	154	51.3	39	13.0	48	16.0	59	19.7	300

3.2. Divisão do trabalho de género nas actividades domésticas

A divisão sexual do trabalho não pode ser totalmente compreendida sem saber como as mulheres e os homens dentro do agregado familiar diferem nas suas informações e serviços agrícolas. O emprego dentro de casa é quase todo feito por mulheres no Distrito. A situação das mulheres em geral indica que elas assumiram o maior peso da responsabilidade da vida familiar, que inclui alimentação, habitação, vestuário e partilha do sustento da família (Tabela 6). As mulheres adultas (mulheres) preparam os alimentos/cozinham (86,2%), lavam a loiça (87,8%), moem os grãos (85,2%), vão buscar água (78,3%), preparam a lenha (62,3%), tal como também foi referido por Mihiret e Tadesse (2014) que a maioria das actividades domésticas são realizadas pelas esposas.

Quadro 6. Divisão do trabalho de género nas actividades domésticas

Atividade	Mulheres		Homens		Ambos		Crianças		Total
	NRP	%	NRP	%	NRP	%	NRP	%	NRM
Preparação da lenha (recolha)	187	62.3	42	13.7	23	7.7	49	16.3	300
Ir buscar água ao tanque/tubo	235	78.3	22	7.3	14	4.7	29	9.7	300
Lavagem de pratos e outros	263	87.8	0	0.0	0	0.0	37	12.2	300
Lavar a roupa da família	94	31.3	37	12.3	155	51.7	14	4.7	300
Limpeza do chão da casa	247	82.3	0	0.0	0	0.0	53	17.7	300
Cuidados familiares (pastoreio de animais	109	36.2	44	14.5	129	42.8	20	6.5	300
Preparação/cozedura de alimentos	259	86.2	0	0.0	13	4.3	29	9.5	300
Moagem de grãos na mão	256	85.2	0	0.0	0	0	45	14.8	300

Fonte: Com base num inquérito no terreno

Em todas estas actividades, as crianças ajudam as suas mães, especialmente as crianças do sexo feminino. Ôs filhos homens, na sua maioria, pastoreiam os animais, assustam as aves e protegem as culturas da vida selvagem. Fazem tudo isto com uma tecnologia atrasada, em que as alfaias e os utensílios são os mais primitivos. Na maioria das sociedades, as tarefas reprodutivas ou as tarefas relacionadas com a gravidez e os cuidados e a manutenção das actividades domésticas (cozinhar, ir buscar água e recolher lenha) são atribuídas às mulheres. Além disso, as mulheres também gerem os recursos comunitários, enquanto os homens participam na política comunitária formal. Em consonância com as actividades laborais sensíveis ao género observadas neste estudo, vários estudos (Razavi e Staab, 2010; Dawit, 2012; UN-Women, 2014) mostraram que todas as economias dependem da economia de cuidados não remunerados, que inclui cozinhar, limpar, cuidar de idosos, cuidar de crianças e voluntariado comunitário. O trabalho não remunerado é fortemente feminizado, e o ónus do trabalho não remunerado pode aumentar ou diminuir em resultado de intervenções ostensivamente sustentáveis.

3.3. Inibição da participação das mulheres nas iniciativas de desenvolvimento

As discussões até agora realizadas indicaram que uma série de factores sociais e culturais determinam o grau de envolvimento das mulheres em várias actividades. Elas são, por exemplo, excluídas da decisão sobre as culturas a plantar, da compra e venda de gado, de factores de produção agrícola, de parcelas de terra, etc. As principais decisões são geralmente tomadas pelos maridos e, em casos raros, partilhadas por ambos. As principais decisões são geralmente tomadas pelos maridos e, em casos raros, partilhadas por ambos. A divisão sexual do trabalho tradicional confinou as mulheres ao trabalho doméstico, incluindo toda a gama de preparação de alimentos, recolha de água, recolha de lenha e cuidados com a família. Tudo isso é feito exclusivamente pelas mulheres. Elas têm uma carga de trabalho mais pesada e realizam tarefas que consomem mais tempo no campo e em casa.

As mulheres têm uma carga extra do que os homens porque participam em todas as actividades (agrícolas e domésticas). A divisão do trabalho na área de estudo é bastante tradicional. Isto deve-se aos constrangimentos socioeconómicos e culturais que impedem o envolvimento das mulheres no poder de decisão. Certos trabalhos são reservados aos homens e outros às mulheres. Os resultados do presente estudo relativos aos principais constrangimentos sociais contra o envolvimento das mulheres no poder de decisão dos inquiridos, apresentados no Quadro 7, mostram que a maioria dos inquiridos era analfabeta (88%), a baixa auto-confiança das mulheres na tomada de decisões agrícolas (76%), a falta de conhecimentos das mulheres sobre a agricultura (58,7%) e 57,7% das mulheres estão apenas subordinadas aos seus homólogos masculinos, bem como o fraco acesso à informação agrícola (48,9%). Em consonância com o baixo nível de instrução das mulheres rurais, Nazir *et al.* (2013) efectuaram um estudo de caso em Nankana Sahib, distrito de Punjab.

Quadro 7. Principais constrangimentos sociais à participação das mulheres no poder de decisão

Tipos de restrições	Lo'	w	Moderado		Elevado	
	NRM	%	NRM	%	NRM	%
Nível de escolaridade - analfabeto	9	3.0	27	9.0	264	88.0
Acesso deficiente à informação agrícola/as mulheres estão menos informadas do que os homens	50	16.7	104	34.7	146	48.7
Hábitos tradicionais/culturais	63	21.0	125	41.7	112	37.3
As mulheres estão apenas subordinadas aos homens	38	12.7	89	29.7	173	57.7
Baixa auto-confiança das mulheres na tomada de decisões agrícolas	15	5.0	57	19.0	228	76.0
Falta de conhecimentos sobre a agricultura	42	14.0	82	27.3	176	58.7

Fonte: Baseado no inquérito de campo; NRP = Número de inquiridos

Os outros condicionalismos que inibem a participação das mulheres nos esforços de desenvolvimento são a pesada carga de trabalho doméstico, o pouco tempo passado fora de casa, a menor liberdade de movimentos do que os homens e o baixo nível de instrução. Se forem concedidos mais direitos às mulheres, se forem quebrados tabus, se as atitudes culturais em relação a elas mudarem, a contribuição do trabalho das mulheres poderá ser apreciada. Esta poderia ser uma forma de acabar com a pobreza, aumentar a segurança alimentar e melhorar os meios de subsistência. É evidente que o desenvolvimento, a segurança alimentar e a redução da pobreza não serão verdadeiramente alcançados sem um rápido crescimento agrícola. O aumento da produtividade agrícola é fundamental para o crescimento, a distribuição de rendimentos, a melhoria da segurança alimentar e a redução da pobreza na África rural (FAO, 2010). Em todos estes aspetos, a mulher rural desempenha um papel fundamental e é crucial para o sucesso global dos esforços dirigidos ao desenvolvimento agrícola nas zonas rurais.

4. CONCLUSÃO

A contribuição das mulheres para a produção agrícola e alimentar é significativa, mas é impossível verificar empiricamente a parte produzida pelas mulheres na zona de estudo. A participação das mulheres nos mercados de trabalho rurais varia consideravelmente, mas invariavelmente as mulheres estão sobre-representadas no trabalho não remunerado, sazonal e a tempo parcial, e os dados disponíveis sugerem que as mulheres recebem frequentemente menos do que os homens, pelo mesmo trabalho. Como se viu acima, as mulheres desempenham um papel significativo na força de trabalho agrícola e nas actividades domésticas, embora em grau variável. Em qualquer força de trabalho agrícola, as mulheres representam mais de 50% na área de estudo. Consequentemente, a sua contribuição para a produção agrícola é, sem dúvida, extremamente significativa, embora difícil de quantificar com alguma exatidão.

As mulheres rurais gerem frequentemente agregados familiares complexos e prosseguem múltiplas estratégias de subsistência. As suas actividades incluem normalmente a produção de culturas agrícolas, o tratamento de animais, a transformação e preparação de alimentos, a recolha de combustível e água, o comércio e a comercialização, a prestação de cuidados aos membros da família e a manutenção das suas casas.

5. AGRADECIMENTOS

Gostaria de estender os meus agradecimentos especiais à minha família e amigos que me ajudaram de várias formas para a realização do trabalho de tese. Quero também agradecer muito ao povo e à Administração do Distrito de Delanta por me terem fornecido o apoio e os dados necessários para o estudo.

6. REFERÊNCIAS

Abdelali-Martini M (2011). Empoderamento das mulheres na força de trabalho rural com foco no emprego agrícola no Médio Oriente e Norte de África (MENA). Possibilitar a capacitação económica das mulheres rurais: instituições, oportunidades e participação. Accra, Gana, 20-23 de setembro de 2011.

ActionAid (2011). Agricultura como iguais: Como o apoio aos direitos das mulheres e à igualdade de género faz a diferença. ActionAid, maio de 2011.

Boakye-Achampong S, Mensah JO, Aidoo R e Osei-Agyemang K (2012). O papel das mulheres rurais na consecução da segurança alimentar das famílias no Gana: A case study of women- farmers in Ejura-Sekyeredumasi District. *Revista Internacional de Ciências Puras e Aplicadas e Tecnologia,* 12(1): 29-38

Chayal K, Dhaka BL, Poonia MK, Tyagi SVS e Verma SR (2013). Envolvimento das mulheres agrícolas na tomada de decisões na agricultura. *Stud Home Com Sci,* 7(1): 35-37.

CSA (Projeção da Agência Central de Estatística) (2015). Recenseamento da população e da habitação na Etiópia: Os resultados para a região de Amhara. Adis Abeba, Etiópia.

Dawit DG (2012). Avaliação do potencial e da utilização dos recursos de combustível de biomassa na Etiópia: Sourcing strategies for renewable energies. *Revista Internacional de Investigação em Energias Renováveis,* 2(1): 131-139.

Devender D, e Krishna RC (2011). Socio-economic conditions of agricultural labor in Andhra Pradesh: Um estudo de caso no distrito de Karimnagar. *Revista Internacional de Economia Empresarial e Investigação em Gestão,* 2(3): 115-134.

FAO (Organização das Nações Unidas para a Alimentação e a Agricultura) (2010). Dimensões de género do emprego agrícola e rural: Differentiated pathways out of poverty. Status, trends and gaps. Organização das Nações Unidas para a Alimentação e a Agricultura, Fundo Internacional para o Desenvolvimento Agrícola e Gabinete Internacional do Trabalho, Roma, Itália.

FAO (Organização das Nações Unidas para a Alimentação e a Agricultura) (2011). O estado da alimentação e da agricultura 2010-11. As mulheres na agricultura: Closing the gender gap for development. Roma, Itália.

FIDA (Fundo Internacional para o Desenvolvimento Agrícola) (2011). Mulheres e desenvolvimento rural: Permitir que as populações rurais pobres superem a pobreza. Roma, Itália.

Mihiret M e Tadesse A (2014). O papel das mulheres e a sua tomada de decisão na gestão do gado e do agregado familiar. *Jornal de Extensão Agrícola e Desenvolvimento Rural*, 6(11): 347-353.

Mondal M (2013). O papel das mulheres rurais no sector agrícola da Ilha de Sagar, Bengala Ocidental, Índia. *Revista Internacional de Engenharia e Ciência*, 2(2): 81-86.

Nahusenay A, Kibebew K, Heluf G e Abayneh E (2014). Caracterização e classificação dos solos ao longo da toposequência no Maciço de Wadla Delanta, nas Terras Altas do Centro-Norte da Etiópia. *Jornal de Ecologia e Ambiente Natural*, 6(9): 304-320.

Nahusenay A e Tesfaye T (2015). Papéis das mulheres rurais nos meios de subsistência e na segurança alimentar sustentável na Etiópia: Um estudo de caso do distrito de Delanta Dawunt, Zona Norte de Wello. *Revista Internacional de Ciências da Nutrição e Alimentação*, 4(3): 343-355.

Nazir S, Khan IA, Shahbaz B e Anjum F (2013). Participação e constrangimentos das mulheres RURAIS nas actividades agrícolas: um estudo de caso do distrito de Nankana Sahib, Punjab. *Jornal paquistanês de ciências agrícolas,* 50(2): 317-322.

Ogato GS, Boon EK e Subramani J (2009). Gender Roles in Crop Production and Management Practices: A Case Study of Three Rural Communities in Ambo District, Ethiopia (Um estudo de caso de três comunidades rurais no distrito de Ambo, Etiópia). *Journal of Human Ecololgy*, 27(1): 1-20.

Razavi S e Staab S (2010). Underpaid and overworked: a cross-national perspective on care workers. *International Labor Review*, 149 (4): 407-422.

Shafiwu AB, Salakpi A e Bonye F (2013). O papel do Banco de Desenvolvimento Agrícola no desenvolvimento das mulheres rurais na agricultura: Um estudo de caso do distrito de Wa-West. *Revista de Investigação em Finanças e Contabilidade,* 4(12): 168-180.

Equipa Sofa e Doss C (2011). O papel das mulheres na agricultura. Agricultural Development Economics (ESA) Working Paper No. 11-02 March 2011. http://www.fao.org/publications/sofa/en/.

ONU-Mulheres (Nações Unidas Mulheres) (2014). Inquérito mundial sobre o papel das mulheres no desenvolvimento 2014: Igualdade de género e desenvolvimento sustentável.

WAOR (Relatório do Gabinete de Agricultura de Wereda) (2013). Relatório do departamento de agricultura e desenvolvimento de recursos naturais de Delanta Wereda. Wegeltena, Etiópia.

O Recrutamento de Mulheres Rurais no Poder de Tomada de Decisão e na Gestão de Recursos na Etiópia: O Caso do Distrito de Delanta, Zona Sul de Wello

Nahusenay A.

Departamento de Geografia e Ciências Ambientais, Faculdade de Ciências Sociais e Humanas, Universidade de Samara, Etiópia

nahugeta@gmail.com (Nahusenay Abate)

RESUMO

As mulheres constituem metade da população mundial, mas não têm posição para controlar os benefícios dos recursos económicos. Este estudo tem por objetivo investigar o poder de decisão das mulheres rurais em matéria de emprego de recursos na Etiópia, no caso do distrito de Delanta. O inquérito foi realizado em seis distritos rurais, tendo sido entrevistados 50 agregados familiares de cada distrito rural. Os entrevistados foram seleccionados através de uma amostragem aleatória estratificada com 225 mulheres e 75 homens nos seus agregados familiares. Os dados foram analisados através de estatísticas descritivas. Os resultados mostraram que as mulheres têm um papel secundário na tomada de decisões e na gestão de recursos na área de estudo. Os principais sectores económicos eram extremamente decididos pelos maridos ou partilhados. Claro que, com algumas excepções, as mulheres são capazes de tomar decisões sobre a economia e a produção, nomeadamente a venda de aves de capoeira (81%), produtos lácteos (69%) e artigos para o lar (68%). As mulheres desempenham predominantemente as funções de transformação do leite (83%), de limpeza do estábulo (61%) e de cuidados com os animais recém-nascidos (52%), de cozinha (94%), de trituração (88,5%), de recolha (80%) e de recolha de lenha (75%). Apesar do seu papel nos sectores agrícolas, as mulheres foram marginalizadas durante muito tempo. Têm um acesso e um controlo limitados dos produtos agrícolas, dos serviços de extensão e da informação. Isto deve-se à discriminação social, cultural e laboral que, por sua vez, fez com que as mulheres perdessem a auto-confiança no poder de decisão. Assim, para reforçar e desenvolver as mulheres nos domínios económico, social e político, os governos federais e regionais e outros organismos interessados devem tomar medidas adequadas para garantir a igualdade das mulheres em relação aos homens, sem qualquer discriminação. As mulheres devem também participar em todas as fases de planeamento, execução e avaliação dos projectos.

Palavras-chave: Tomada de decisão, género, trabalho, participação da mulher, papel da mulher,

1. INTRODUÇÃO

A agricultura é a espinha dorsal da economia de muitos países em desenvolvimento. A estratégia de desenvolvimento agrícola identifica a participação dos pequenos agricultores como uma caraterística essencial do nosso êxito final. Está provado que os homens e as mulheres têm diferentes tipos, quantidades e qualidades de activos e que têm também diferentes estratégias de acumulação de recursos e de utilização dos mesmos para fazer face a choques (Galie *et al.*, 2015). As mulheres representam mais de metade da força de trabalho, participando direta ou indiretamente em diferentes actividades. Os recursos produtivos, como a água, a terra, o gado e as culturas, são essenciais para a subsistência da maioria das famílias rurais do mundo (Galie *et al.*, 2015). Tanto os homens como as mulheres desempenham um papel importante na alimentação dos povos do mundo. As mulheres produzem mais de 50% do total de alimentos no mundo, e a sua contribuição para a força de trabalho agrícola nos países desenvolvidos é de 36,7%, enquanto nos países em desenvolvimento é de cerca de 43,6% (FAO, 1999). Nos países asiáticos, as mulheres são responsáveis por cerca de 50% da produção alimentar global da região, com variações consideráveis de país para país (Luqman *et al.*, 2006).

As mulheres constituem a grande maioria dos pequenos agricultores e produtores de alimentos. Na maioria dos países da África Subsariana e do Sul da Ásia, as mulheres têm menos estatuto do que os homens, têm menos acesso aos recursos e têm maiores responsabilidades devido ao seu duplo papel reprodutivo e produtivo nos agregados familiares rurais (BMGF, 2008). As mulheres em geral e as mulheres agricultoras rurais em particular desempenham um papel vital na produção de alimentos e na segurança alimentar. Elas representam 70% dos trabalhadores agrícolas, 80% dos produtores de alimentos e são responsáveis por 60% a 90% da comercialização dos seus produtos agrícolas (Fresco, 1998). Quatro em cada dez trabalhadores agrícolas no mundo são mulheres (ONU, 1986). As mulheres participam ativamente nas actividades agrícolas e na transformação dos produtos agrícolas, para além das suas responsabilidades domésticas e reprodutivas.

A díade conjugal tradicional, em que o marido é o responsável e toma as decisões e a mulher cumpre essas decisões, com o mínimo de resistência ou questionamento, representa a orientação extrema do dizer. Outrora, os homens tomavam todas as decisões importantes nas relações conjugais e as mulheres obedeciam obedientemente a tudo o que os homens desejavam, mas esse não é o padrão dominante nas relações conjugais contemporâneas dos EUA (Richmond *et al.*, 1997). Embora se observe que os homens geralmente exercem mais poder do que as mulheres na relação conjugal atual, mais relações conjugais nos EUA estão a tentar alcançar um padrão igualitário - um equilíbrio de poder e

tomada de decisões (Richmond *et al.*, 1997).

Em África, as estimativas da contribuição temporal das mulheres para as actividades agrícolas chegam a atingir 60-80% em alguns países (FAO, 2011). A percentagem feminina da força de trabalho agrícola varia entre cerca de 20% na América Latina e quase 50% no Leste e Sudeste Asiático, e 70% na África Subsariana (FAO, 2004). As mulheres africanas também são responsáveis por cerca de 80% dos transformadores de alimentos (Wakhungu, 2010). Nos países em desenvolvimento, as mulheres desempenham papéis significativos na manutenção dos três pilares da segurança alimentar, como a produção de alimentos, o acesso económico aos alimentos disponíveis e a segurança nutricional. No entanto, desempenham estes papéis face a enormes constrangimentos sociais, culturais e económicos (Oluwatayo, 2004). Uma das principais razões para este facto é que as políticas agrícolas não estão simplesmente a apoiar os pequenos agricultores. Mesmo nos casos em que os pequenos agricultores recebem apoio, existe uma enorme diferença de género em termos do que as mulheres recebem em relação aos homens (Smith *et al.*, 2003).

As mulheres da África Subsariana têm taxas de participação na força de trabalho relativamente elevadas e as taxas médias de participação na força de trabalho agrícola mais elevadas do mundo. Realizam cerca de 90% do trabalho de transformação das culturas alimentares e de fornecimento de água e lenha para uso doméstico; 80% do trabalho de armazenamento e transporte de alimentos da exploração agrícola para a aldeia; 90% do trabalho de sacha e monda; e 60% do trabalho de colheita e comercialização dos produtos agrícolas (Ogato *et al.,* 2009). As normas culturais na região há muito que incentivam as mulheres a serem economicamente auto-suficientes e, tradicionalmente, atribuem-lhes uma responsabilidade substancial pela produção agrícola por direito próprio. Os dados regionais relativos à África Subsariana escondem grandes diferenças entre os países ( ).

As mulheres dão um contributo essencial para a agricultura e para as actividades económicas rurais em todos os países em desenvolvimento. Os seus papéis variam consideravelmente entre regiões e no interior de cada região e estão a mudar rapidamente em muitas partes do mundo onde as forças económicas e sociais estão a transformar o sector agrícola. A emergência da agricultura sob contrato e de cadeias de abastecimento modernas para produtos agrícolas de elevado valor, por exemplo, apresenta oportunidades e desafios diferentes para as mulheres e para os homens (FAO, 2002; Kotze, 2003).

1.1. Declaração do problema

As mulheres representam quase 50% da população adulta mundial e um terço da força de trabalho total, trabalham quase dois terços do total de horas de trabalho, mas recebem apenas um décimo do rendimento mundial e possuem menos de um por cento da propriedade (Prakash, 2003). As mulheres rurais têm menos direitos de propriedade sobre a utilização da riqueza comum que criaram juntamente com os seus homólogos masculinos e têm um papel e responsabilidades limitados na tomada de decisões sobre recursos fundamentais (Doss *et al.*, 2014). Esses direitos de propriedade são importantes - acredita-se que aumentam a tomada de decisões e o empoderamento das mulheres no agregado familiar, o que, por sua vez, aumenta a eficiência do agregado familiar na produtividade agrícola, bem como a equidade individual (Galie *et al.*, 2015). Isto deve-se ao facto de a desigualdade na oferta de educação refletir a tradição e os valores profundamente enraizados na estrutura ideológica, política, económica e sociocultural das sociedades (Messay, 2012).

As mulheres gerem frequentemente agregados familiares complexos e prosseguem múltiplas estratégias de subsistência. Algumas destas actividades não são definidas como emprego economicamente ativo nas contas nacionais, mas todas elas são essenciais para o bem-estar das famílias rurais (FAO, 2003). O desenvolvimento agrícola global deve ter em conta a questão do género, a fim de obter um impacto significativo na redução da fome e da pobreza. Isto será alcançado se as oportunidades para as mulheres participarem em actividades geradoras de rendimento e se os processos de aprendizagem continuarem a aumentar (FIDA, 2011). As mulheres inventaram a agricultura com base nos seus conhecimentos; com o avanço tecnológico, a agricultura tornou-se predominantemente uma vocação masculina. Apesar de a contribuição das mulheres para o cultivo e a produção artesanal continuar a ser essencial, elas passaram a ser vistas sobretudo como produtoras de filhos. As mulheres são mais vulneráveis às tensões da vida associadas à paternidade do que os homens, porque lhes é atribuída a responsabilidade principal pela procriação dos filhos e recebem pouco apoio da sociedade para facilitar o seu trabalho (Rahman, 2008).

A situação das mulheres no mundo contemporâneo exige uma tomada de posição moral. Durante muito tempo, os planos de desenvolvimento não reconheceram o contributo das mulheres para o processo de desenvolvimento, nem o efeito que o desenvolvimento tem sobre elas. Vários académicos têm-se debruçado sobre a forma como as complexidades das modalidades de propriedade decorrem desses contextos estruturais, culturais e históricos e defendem que esses contextos devem ser tidos em conta na formulação de estratégias destinadas a aumentar a equidade na propriedade dos recursos (Ostrom, 2005). As mulheres, especialmente nos países em desenvolvimento, têm uma carga de trabalho muito elevada na produção alimentar em comparação com os homens e, no que respeita ao poder de decisão, estão frequentemente subordinadas aos homens. São marginalizadas da educação, da atividade profissional e do poder de decisão política. As leis e os costumes que afectam negativamente o acesso e o controlo das mulheres sobre os recursos dificultam o seu progresso económico, sobretudo na África Subsariana (Peterman, 2011).

O menor poder e estatuto social das mulheres, a incapacidade de serem responsáveis pela remuneração de activos rentáveis impõe constrangimentos externos na definição dos seus padrões de vida. Na maioria da população mundial, as mulheres beneficiam apenas de uma pequena parte das oportunidades e dos benefícios. Por exemplo, as mulheres recebem apenas 5% dos serviços de extensão em muitos países em desenvolvimento (Smith *et al.*, 2003). As mulheres agricultoras têm menos acesso do que os homens aos recursos produtivos e ao apoio governamental, apesar de constituírem a maioria dos agricultores. Este facto tem um impacto negativo na capacidade de as mulheres levarem uma vida com poder e alcançarem os direitos humanos básicos (BMGF, 2008).

De acordo com o relatório das Nações Unidas sobre o desenvolvimento humano (1995), não existe nenhum país no mundo em que a qualidade de vida das mulheres seja igual à dos homens. Para além das medidas complexas que incluem, entre outras, a longevidade, o estado de saúde, as oportunidades de educação, o emprego, os poderes políticos e os direitos de propriedade, as mulheres estão sempre em desvantagem. É necessário reconhecer o facto de que a melhoria do poder de decisão das mulheres em relação ao dos homens no seio dos agregados familiares conduziria a melhorias numa série de resultados de bem-estar para os membros. Observa-se que as mulheres contribuem de forma dominante para o desenvolvimento económico, social e político. Na maior parte dos países em desenvolvimento do mundo, elas são as principais responsáveis pela prestação de cuidados aos membros do agregado familiar (especialmente às crianças e aos idosos). No entanto, as mulheres são colocadas no estrato inferior da sociedade no que respeita ao emprego, ao rendimento, à educação e à participação política (Kishor, 2000).

O poder de decisão das mulheres é um processo básico subjacente a todas as funções de gestão dos recursos familiares. Uma vez que a decisão é universal em todos os empreendimentos humanos, o processo é vital para todas as preocupações sociais e não se limita à gestão. O desenvolvimento agrícola deve ter em conta a questão do género, a fim de obter um impacto significativo na redução da fome e da pobreza. Isto será conseguido se as oportunidades para as mulheres participarem nas actividades geradoras de rendimentos, na aprendizagem e nos processos de tomada de decisões continuarem a aumentar (Tiruneh *et al.*, 2001). A violência doméstica continua a constituir o maior obstáculo à participação das mulheres na tomada de decisões. As estatísticas existentes são ainda inadequadas, mas os dados disponíveis indicam que, a nível mundial, uma em cada dez mulheres é ou foi vítima de violência por parte do seu parceiro. Com base em estatísticas compiladas internacionalmente, estima-se que 2% das vítimas de violência doméstica são homens e 75% são mulheres, enquanto os restantes 23% são casos de violência recíproca (Rico, 1997).

Nas zonas rurais da Etiópia, as mulheres desempenham o papel principal na produção agrícola, na criação de gado e nas indústrias caseiras e estão ocupadas desde o amanhecer até ao anoitecer a fornecer alimentos aos homens nos campos, a ir buscar água, a recolher lenha e a gerir o gado

(Leqman *et al.*, 2006). As mulheres etíopes, tal como as mulheres noutros locais, não são tratadas em pé de igualdade com os homens. Os seus direitos sobre a gestão dos bens do agregado familiar dependem da forma do casamento. Os bens do agregado familiar podem ser relativos à produção e/ou ao domínio doméstico. O código civil estabelece que as mulheres na Etiópia têm direitos iguais aos dos homens em todas as esferas da vida económica, estatal, cultural, social e política, artigo 35. (EFDR, 1995). No entanto, na prática, homens e mulheres não têm igual acesso ao trabalho, à remuneração, à segurança social, à educação, ao lazer e ao descanso.

As mulheres agricultoras etíopes enfrentam constrangimentos que incluem a falta de terras para a agricultura, o acesso limitado à comunicação entre homens e mulheres e o controlo dos produtos agrícolas, as facilidades de crédito, a formação de competências, a educação, os serviços de extensão e a informação, e a sua contribuição não é apreciada. Neste sentido, as mulheres são negativamente influenciadas pelos padrões tradicionais e pelas políticas económicas. A maior parte do trabalho das mulheres fica à margem dos principais esforços e programas de desenvolvimento. Assim, sem a complementaridade do trabalho das mulheres, esses esforços e programas dificilmente funcionariam, apesar de os homens possuírem bens e factores de produção como a terra, o crédito, o gado, a tecnologia e as infra-estruturas.

Como parte das mulheres etíopes, as mulheres do distrito de Delanta, no Sul de Wello, partilham a subordinação feminina e os problemas gerais com que se deparam as mulheres etíopes. Estes problemas foram analisados neste estudo do ponto de vista de uma análise geográfica da população, em conjunto com as soluções necessárias. Este documento investiga a tomada de decisões a nível do agregado familiar em quatro distritos rurais. Analisa a gama de funcionamento e manutenção dos recursos, incluindo as actividades agrícolas. Especificamente, o estudo pretende identificar: (i) que membros do agregado familiar estão envolvidos na tomada de decisões sobre, bem como na realização de, várias actividades agrícolas; e (ii) as implicações dos vários papéis de tomada de decisões do agregado familiar para a utilização e gestão de recursos pelo agregado familiar agrícola. Além disso, o predomínio dos homens em várias actividades geradoras de rendimentos afecta fortemente o empoderamento económico das mulheres. O objetivo deste estudo era, portanto, avaliar as actividades das mulheres rurais e a sua participação nos papéis de tomada de decisões no agregado familiar. Mais especificamente, para responder à pergunta "qual é o papel das mulheres rurais na implementação de recursos?" para satisfazer a segurança alimentar da sua família, no Distrito de Delanta.

1.2. Objectivos do estudo

O objetivo geral do estudo é avaliar o papel global das mulheres no poder de tomada de decisões e no controlo de recursos, bem como compreender os principais constrangimentos ao seu empoderamento. Em conformidade com o objetivo geral, o estudo analisa basicamente a necessidade das mulheres no poder de tomada de decisões e na gestão de recursos, tomando o Distrito de Delanta, no Sul de Wello, como um estudo de caso. Os objectivos específicos do estudo seriam os seguintes:

- Avaliar a situação das mulheres rurais na tomada de decisões e no emprego de recursos; e

- Avaliar as principais limitações enfrentadas pelo envolvimento das mulheres nos processos de tomada de decisão, poder e recursos.

1.3. Questões de investigação

Para atingir estes objectivos, o documento definiu as seguintes questões de investigação:

- Quais são os principais papéis das mulheres no poder de decisão e na gestão dos recursos?

- Quais são os principais constrangimentos à participação das mulheres no poder de decisão e no emprego de recursos?

2. MATERIAIS E MÉTODOS

2.1. Descrição da área de estudo

O distrito de Delanta situa-se entre 11° 29' 29.82" e 11° 41' 25.53" N e 39° 02' 19.19" e 39° 14' 05.04" E, com uma altitude que varia entre 1500 e 3819 metros acima do nível do mar, no fundo dos vales (Gosh Meda) e no topo da montanha (Mekelet), respetivamente. Situa-se a cerca de 499 km a norte de Adis Abeba e a 98 km a noroeste da cidade de Dessie, na zona de South Wello. As principais formas de relevo do distrito incluem planaltos extensos, cadeias de colinas com cumeadas montanhosas, vales fluviais e gargantas muito profundas na fronteira. Tem uma forma oval com um padrão de drenagem dendrítico, cumes íngremes e numerosas colinas convexas na área da planície e desfiladeiros na fronteira. De acordo com WAOR (2013), a classificação geral da área é de cerca de 30% de montanhas, 30% de planícies, 36,5% de desfiladeiros e 3,5% de outras características terrestres.

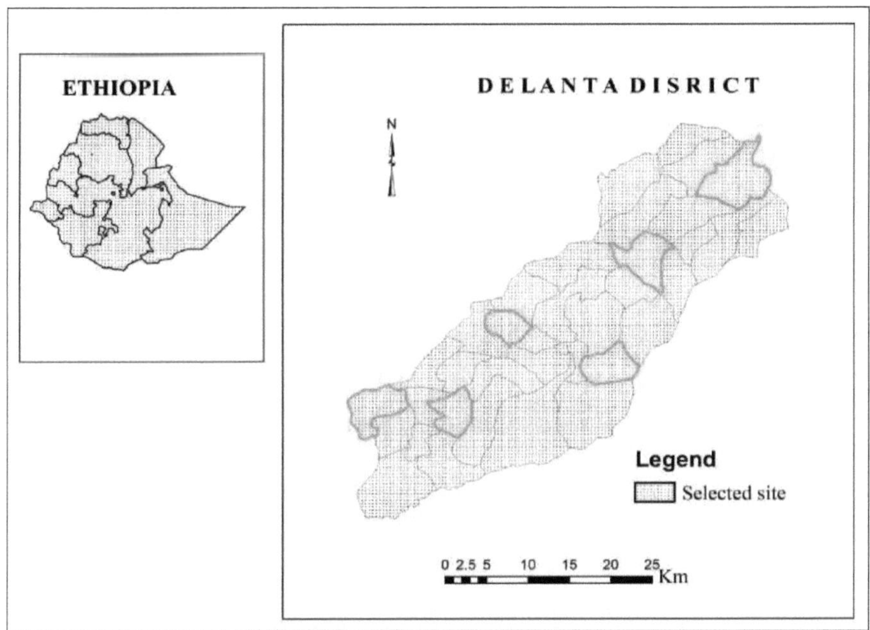

Figura 1: Mapa de localização da área de estudo

2.1.1. Clima da zona de estudo

A classificação/zonação agro-climática tradicional da Etiópia, que é categorizada em quatro zonas principais com base na altitude, que são *Kolla (terras baixas)*, *Woina Dega (terras médias)*, *Dega (terras altas)* e Wurch (terras muito altas). De acordo com a classificação agro-climática tradicional, a área de estudo insere-se em todas as categorias que estão basicamente correlacionadas com a altitude (Quadro 1).

Quadro 1. Zonas agro-ecológicas tradicionais (ZCA) das terras altas do Norte da Etiópia

ACZ tradicional	*Kolla*	*Woina Dega*	*Dega*	*Wurch*
Elevação (m)	1500-1800	1800-2400	2400-3500	> 3500
Temperatura (°C)	18-20	15-18	10-15	< 10
Precipitação (mm)	300-900	500-1500	700-1700	> 900
Cultura dominante	Sorgo, milho	teff, milho, trigo	Cevada, trigo	Cevada

Fonte: Adaptado de Getahun (1984).

O clima da região é caracterizado por estações secas (de outubro a fevereiro, frias e secas) e

março a junho, quente-seco) e estação húmida (de meados de junho a setembro). O padrão de precipitação é monomodal com períodos de pico de meados de julho a princípios de setembro. A precipitação média anual de quinze anos (1999-2013) na área de estudo é de cerca de 812 mm, dos quais 75-80% são recebidos no verão (*Kiremt)* e 25-20% na primavera (*Belg*). As temperaturas médias anuais mínimas e máximas do mesmo período são de 6,8 e 19,6°C, respetivamente (Figura 2). As pessoas que vivem na posição topográfica superior as suas actividades agrícolas dependem principalmente das chuvas de Belg, enquanto as que vivem nas posições topográficas média e inferior dependem tanto das chuvas de *Kiremt* como de *Belg*. No entanto, a precipitação é pequena, errática e pouco fiável e a área é propensa a secas esporádicas.

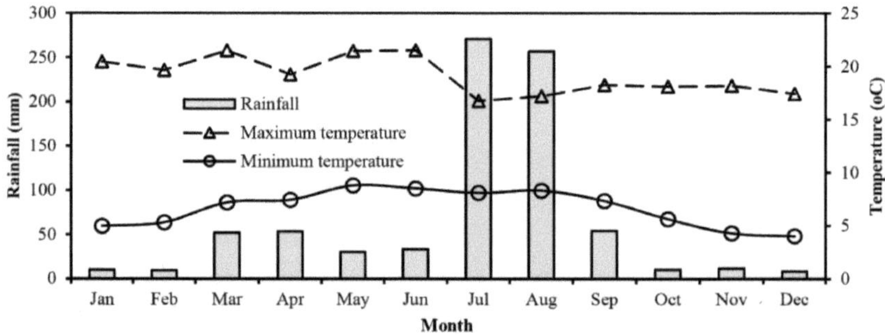

Figura 2. Precipitação média mensal e temperaturas máxima e mínima da área de estudo

2.1.2. Geologia e solos da zona de estudo

A geologia da área de estudo é caracterizada pela série de armadilhas dos períodos terciários, semelhante a grande parte das terras altas da Etiópia central (Mohr, 1971). De acordo com Dereje *et al.* (2002), a área é coberta por riolitos do Oligoceno e por unidades de ignimbritos muito espessas, predominantemente de basalto alcalino com numerosos fluxos de traquito entre camadas. Os tipos de rocha granítica, gnáissica e basáltica existem na área, fazendo parte do complexo do subsolo, e a maioria dos solos é de material de origem basáltica.

Os solos da área de estudo são muito influenciados pela topografia, com elevado escoamento superficial durante a principal estação das chuvas. Os solos são classificados como Mazi-Pellic Vertisols, Mazi-Calcic Vertisols, Haplic Cambisols e Mollic Leptosols (Nahusenay *et al.*, 2014).

2.1.3. Sistemas de uso do solo e sua cobertura

De acordo com o WAOR (2013), a área total do Distrito é de 10.5678 ha, que se estende desde as terras baixas até às terras altas, sendo que grande parte se situa nas faixas de altitude média dominadas por planaltos e todas elas foram abrangidas pela dinâmica LU/LC. A dimensão média das explorações é de um hectare por agregado familiar (0,75 ha para produção vegetal e 0,25 ha para pastagem). Os usos da terra são tanto privados (agricultura) como comunais (pastagem), que podem ser identificados através de padrões de uso da terra. A maior parte da terra não é atualmente utilizada, o que representa cerca de 45%. As terras cultivadas e de pastagem são os principais tipos de uso da terra na área de estudo. A agricultura é o sector económico predominante que envolveu mais de 95% da população (WAOR, 2013). O sistema agrícola global era misto, tanto de produção animal como vegetal, e caracterizado por uma natureza de subsistência. Está fortemente orientado para a produção de culturas para sustentar os meios de subsistência dos agricultores e as suas principais fontes de tração para a lavoura e a debulha são os bois e os cavalos. Os resíduos das culturas e o pastoreio intensivo são os principais recursos alimentares para o gado na zona.

As culturas de sequeiro mais comuns na zona são o trigo panificável *(Triticum aestivum L.)*, a cevada alimentar *(Hordeum vulgare* L.), a fava (*Vicia faba* L.), a lentilha (*Lens culinaris* L.), a ervilha (*Lathyrus sativus* L.), o grão-de-bico (*Cicer arietinum* L.), o *teff* (*Eragrostis tef* L.) e o sorgo (*Sorghum bicolor* (L.) Moench. Todas estas culturas são geridas com recurso a técnicas e equipamentos agrícolas tradicionais. Além disso, são também produzidos alguns tipos de produtos hortícolas, frutos, tubérculos e especiarias. A maior parte da terra arável é cultivada em regime de sequeiro, enquanto uma área muito pequena é irrigada no fundo do vale ou em torno das margens dos rios para produzir legumes e frutas (WAOR, 2013).

A floresta e a vegetação naturais da área de estudo desapareceram devido ao sobrepastoreio, à procura crescente de lenha e à conversão em terras cultivadas. Existem pequenas manchas de florestas naturais remanescentes nos limites das explorações agrícolas e em redor das igrejas. Espécies arbóreas plantadas como o *Eucalyptus camaldulensis, Cupressus lustanica, Acacia saligna* e *Acacia decurrens* são comuns em redor de quintas e áreas conservadas. As plantações de *Eucalyptus camaldulensis* estão a substituir as terras aráveis/cultivadas e a expandir-se nos quintais, nas margens dos ribeiros e nas bermas das valas.

2.1.4. Dimensão e distribuição da população

De acordo com a CSA (2015), Delanta era uma área densamente povoada e o tamanho médio das famílias do distrito era de cinco pessoas. A população rural constituía 96,5% da população total, dos quais 51 homens e 49% mulheres. O distrito estava dividido em 33 distritos locais que se estendiam por diferentes zonas agro-ecológicas. A população do distrito não produzia normalmente alimentos para consumo durante todo o ano, mesmo num ano considerado normal do ponto de vista climático. Isto deve-se ao excesso de população, à grave degradação da terra, à escassez de terra e às chuvas irregulares.

2.2. Fontes de dados e técnicas de amostragem

O investigador utilizou uma variedade de fontes e instrumentos para a recolha de dados, incluindo fontes primárias e secundárias, testes-piloto e vários tipos de procedimentos de recolha de dados. Os dados foram analisados e apresentados através de técnicas estatísticas descritivas e inferenciais.

2.2.1. Tipos e fontes de dados

Para este estudo, foram considerados tanto os dados primários como os secundários. Os dados primários foram realizados através de inquéritos aos agregados familiares, que foram administrados através de observações no terreno, questionários, entrevistas formais e discussões em grupos focais com mulheres rurais, homens, mulheres do gabinete de assuntos sociais e outras autoridades interessadas. Para este efeito, foram elaborados questionários que foram entregues a todos os principais inquiridos. A maior parte dos itens eram de resposta fechada, mas também foram incluídas algumas perguntas de resposta aberta para obter informações qualitativas sobre as atitudes, crenças e práticas das pessoas em geral e das mulheres em particular. Os dados secundários de documentos publicados e não publicados de organizações governamentais e não governamentais foram extraídos para complementar e reforçar os dados primários. Os antecedentes históricos, culturais e socioeconómicos da região foram obtidos através de materiais secundários.

2.2.2. Teste-piloto e procedimento de recolha de dados

O teste-piloto foi efectuado com três homens e sete mulheres. O objetivo era verificar a adequação dos itens do instrumento e fazer as correcções necessárias com base nos comentários obtidos dos inquiridos. Com base nos resultados do pré-teste, foram introduzidas algumas melhorias na preparação dos questionários finais. Finalmente, foram distribuídas 300 cópias dos questionários aos principais inquiridos e todos eles foram preenchidos e recolhidos

2.2.3. Técnicas de amostragem

As populações-alvo foram as mulheres rurais e, para conhecer as atitudes dos homens em relação ao trabalho das mulheres, 25% da população total foi considerada masculina. A dimensão da amostra foi de 300 agregados familiares rurais, dos quais 75% eram mulheres. Um dos motivos do inquérito foi investigar a variação dos padrões de trabalho agrícola e dos mecanismos de sobrevivência com base nas variações agro-ecológicas. Para este fim, foram seleccionados cinco distritos locais com base nas variações acima referidas e, para tornar o estudo manejável, foram seleccionados 60 agregados familiares de cada distrito rural utilizando técnicas de amostragem aleatória estratificada simples (Quadro 2).

2.3. Métodos de análise de dados

Os dados primários foram analisados e apresentados através de técnicas estatísticas descritivas e inferenciais. As técnicas descritivas incluem a percentagem, a frequência acumulada, o desvio padrão, enquanto as técnicas estatísticas inferenciais utilizaram testes de Qui-Quadrado. O teste Qui-Quadrado foi utilizado para verificar a associação ou homogeneidade entre as zonas agro-ecológicas com referência às respostas relativas a trabalhos agrícolas e estratégias de sobrevivência utilizadas pelos camponeses durante a fome (escassez de alimentos) e os seus impactos.

Quadro 2: Local das associações de camponeses estudadas

Nome do sítio	NRP	Zona agro-ecológica
Goshmeda	60	*Kolla* (planície < 2100 m)
Mekelet	60	*Dega* (Planalto > 2700 m)
Mesnoamba	60	*Woina Dega* (Midland entre 2100 e 2700 m)
Arka-Chinga	60	*Woina Dega* (Midland entre 2100 e 2700 m)
Wetege-Aberkut	60	*Kolla (planície < 2100m)*
Total	300	

Fonte: Com base num inquérito no terreno

3. RESULTADOS E DISCUSSÃO

3.1. O papel das mulheres no poder de decisão

Muitas decisões familiares centram-se na qualidade das relações interpessoais e preocupam-se em reforçar os laços entre os membros individuais da família. A tomada de decisões familiares envolve a utilização de bens ou dinheiro. Existem forças que actuam no sentido de difundir a coesão da família como uma unidade ligeiramente unida. Era o que acontecia quando os homens tinham o controlo total e as mulheres não tinham voz na organização da economia familiar. O estudo indica que uma parte da razão para a obscuridade da contribuição económica das mulheres vem do facto de não terem uma palavra a dizer no processo de tomada de decisões. Esta tradição manifesta-se em todos os sectores da vida social. Na área de estudo, as mulheres têm um papel secundário na decisão sobre as culturas a plantar, a compra de factores de produção agrícola, a venda e compra de gado de grande porte e a venda e arrendamento de terras agrícolas. Estas e outras decisões económicas importantes semelhantes são extremamente dominadas pelos maridos ou são partilhadas por ambos. Claro que há algumas excepções, mesmo nos tempos tradicionais, em que as mulheres podiam tomar decisões ou influenciar as decisões dos homens em questões económicas e relacionadas com a produção. Estas são a venda e compra de aves de capoeira (81%), produtos lácteos (69%) e artigos domésticos (68%) como sal, pimenta, querosene, etc. (Quadro 3).

Tabela 3. Decisões sobre o montante das despesas unitárias do agregado familiar na área de estudo

Tipos de actividades	Masculino		Feminino		Ambos (M&F)	
	NRP	%	NRP	%	NRP	%
Tipos de culturas a plantar	186	62	37.5	12.5	76.5	25.5
Compra de factores de produção agrícola	213	71	31.5	10.5	55.5	18.5
Compra e venda: Gado bovino	78	26	25.5	8.5	196.5	65.5
Ovinos / Caprinos	85.5	28.5	33	11	181.5	60.5
Famílias de equídeos	109.5	36.5	34.5	11.5	156	52
Compra e venda: Aves de capoeira	24	8	241.5	80.5	34.5	11.5
Produtos lácteos	28.5	9.5	205.5	68.5	66	22
Venda e aluguer de explorações agrícolas	85.5	28.5	27	9	187.5	62.5
Aquisição de materiais para crianças	48	16	36	12	216	72
Gastar o rendimento familiar	187.5	62.5	34.5	11.5	78	26
Compra de artigos para o lar	43.5	14.5	204	68	52.5	17.5

Fonte: Baseado no inquérito de campo; NRP = Número de inquiridos

Como mostra o inquérito, no Distrito de Delanta as mulheres não podem decidir vender animais ou cereais diretamente, mas apenas através de um homem em consulta com ele. Os principais constrangimentos que dificultam o poder de decisão das mulheres são a falta de educação e a cultura/costume, que representam 91% do total de inquiridos em ambos os casos, e o peso da responsabilidade familiar é de 62% (Quadro 4). Em consonância com este facto, Hanna (1990) afirmou que a estrutura cultural da sociedade encoraja a subordinação das mulheres e a superioridade dos homens. A tomada de decisões das mulheres em matéria de finanças familiares e actividades económicas limita-se ao rendimento gerado pela produção caseira (artesanato) e, possivelmente, a pequenas actividades agrícolas e afins geradoras de rendimento (aves de capoeira, produtos lácteos, horticultura).

Quadro 4. Principais constrangimentos ao poder de decisão das mulheres

Tipos de actividades	Dega		Woina Dega		Kolla		Total	
	NPR %		NRP	%	NRP	%	NRP	%
Falta de educação	9494	93	93		84	84	271	90.3
Influência religiosa	44	5	5		36	36	45	15.0
Restrições culturais/personalizadas	8686	91	91		96	96	273	91.0
Peso da responsabilidade familiar	5050	66	66		66	66	182	60.7
Outros (gravidez, lactação)	3232	23	23		24	24	79	26.3

Fonte: Baseado no inquérito de campo e NRP = Número de inquiridos

3.2. O papel das mulheres no controlo dos recursos

O termo recurso é um conceito amplo para definir e referir-se a vários aspectos, mas o interesse deste estudo concentra-se nas terras agrícolas, na produção agrícola e no rendimento das famílias. É aceite que o processo de tomada de decisões é um reflexo da gestão do controlo dos recursos. Tradicionalmente, em todas as culturas indígenas da Etiópia, o espaço público é considerado um domínio masculino. As mulheres têm tido pouco a dizer nos assuntos públicos. Não têm praticamente nenhum poder de decisão no que respeita à distribuição de recursos a nível comunitário. No entanto, a nível doméstico, as mulheres têm algum poder de decisão limitado (Quadro 5).

Em ambas as constituições do Derg (1975) e do FDRE (1995), o Estado é o proprietário de todas as terras e as pessoas têm o direito de as utilizar, transferir, administrar e controlar, independentemente das diferenças de sexo. Quando se fala de terra numa escala tradicional ou moderna na Etiópia, pensa-se no homem na linha da frente. As mulheres ocupam posições marginais no que respeita ao acesso, à decisão e ao controlo dos recursos (Banco Mundial, 1998; Zenebework, 2003).

As principais fontes de rendimento são decididas/controladas pelos maridos em todas as zonas agro-ecológicas, enquanto que as fontes de rendimento menores são da responsabilidade das esposas (mulheres). A venda de colheitas (86%) e de animais de grande porte (91%), incluindo gado bovino, ovino, caprino e equino, é predominantemente do domínio dos maridos, enquanto a venda de animais de pequeno porte como aves de capoeira (84%), produtos lácteos para 82% do total de inquiridos em ambos os casos, artesanato 86% (fiação de algodão e lã, cestaria de ervas, olaria) e venda de bebidas locais como *areky/katicala, tella* (87%) são realizadas por mulheres (Quadro 5). No caso das actividades de venda de lenha, podemos ver isso de duas maneiras. Como a quantidade de lenha/materiais de construção é grande, como o eucalipto, a atividade é realizada principalmente por homens, enquanto que a menor quantidade e as madeiras secas embaladas em seres humanos ou animais, a atividade é realizada tanto por homens como por mulheres.

Tabela 5. Controlo do património familiar nos agregados familiares da amostra

Tipos de fontes de rendimento		Dega (NRP=100) M	F	Woina (NRP=100) M	F	Dega Kolla (NRP=100) M	F	Total (=300) M	(PNR F
Venda de culturas/grãos	Não	74	26	89	11	94	6	257	43
	%	74	26	89	11	94	6	85.7	14.3
Venda de animais de grande porte	Não	94	6	82	18	98	2	274	26
	%	94	6	82	18	98	2	91.3	8.7
Venda de pequenos animais	Não	22	78	17	83	10	90	49	251
	%	22	78	17	83	10	90	16.3	83.7
Venda de produtos lácteos	Não	14	86	10	90	30	70	54	246
	%	14	86	10	90	30	70	18.0	82.0
Venda de artesanato	Não	18	82	5	95	20	80	43	257
	%	18	82	5	95	20	80	14.3	85.7
Venda de cerveja local	Não	10	90	7	93	22	78	39	261
	%	10	90	7	93	6	94	13.0	87.0
Venda de lenha	Não	86	14	92	8	46	54	224	76
	%	86	14	92	8	46	54	74.7	25.3

Fonte: Baseado no inquérito de campo; M = Masculino; NRP = Número de inquiridos e F = Feminino

Na área de estudo, os homens têm o direito de registar e controlar os recursos da terra. Às mulheres é culturalmente negado esse direito, exceto quando se divorciam ou ficam viúvas. No inquérito, foi feita uma tentativa adicional para compreender o sentimento das mulheres relativamente à prática existente de registo de terras. Nenhuma das inquiridas exprimiu repúdio pela tradição de registar as terras em nome dos maridos. Um aspeto do sistema de controlo de recursos é quem detém o rendimento proveniente de várias fontes. As várias fontes de rendimento são identificadas e foi pedido aos inquiridos que expressassem quem detém o dinheiro proveniente destas fontes e quem o deveria deter.

O teste do Qui-Quadrado mostrou que havia diferenças significativas entre as três zonas agro-ecológicas no que diz respeito aos sujeitos em questão *A* zona agro-ecológica de *Kolla* (78%) tem uma proporção mais elevada do que as zonas climáticas de *Woina Dega* (86%) e *Dega* (68%). A questão que se coloca é a seguinte: porquê estas diferenças? De acordo com a informação considerada de vários gabinetes sectoriais vis-à-vis o gabinete de assuntos das mulheres de Wereda, o relatório do gabinete de agricultura, o relatório do gabinete de educação, o relatório do gabinete de saúde e os inquiridos da amostra, as razões foram a falta de tabus culturais, o baixo nível de educação e a elevada carga de trabalho. O distrito era caracterizado por uma elevada taxa de degradação da terra, baixos insumos agrícolas, tecnologia deficiente e elevada pressão populacional, o que contribuiu para o aumento da vulnerabilidade às catástrofes naturais e à escassez de alimentos.

Tabela 6. Extensão dos direitos a recursos fundiários para homens e mulheres na área de estudo

Atividade	Dega			%	Woina Dega NRP	%	Kolla NRP	%	Total NRP	%
	NRP									
Há igualdade de direitos em matéria de recursos fundiários entre homens e mulheres?	Sim	Atc.	32	32	14	14	16	22	62	19
		Exp.	24		16		20		60	
	Não	Atc.	68	68	86	86	84	78	238	81
		Exp.	76		84		80		240	
	Total		100	100	100	100	100	100	300	100

Fonte: Baseado em inquérito de campo $\chi^2 = 8,5$; C.V = 5,99; p = 0,05; df = 2

3.3. Principais obstáculos ao poder de decisão das mulheres

As mulheres e os homens enfrentam diferentes tipos de violência e riscos, alguns deles explicados por diferenças biológicas (sexo), outros resultantes de normas e expectativas socialmente construídas. Na maioria das sociedades, as relações entre homens e mulheres são largamente desiguais e hierárquicas, resultando frequentemente num acesso desigual das mulheres e raparigas aos bens e serviços sociais (Quadro 7). A falta de empoderamento influencia negativamente a saúde e o bem-estar de milhões de raparigas e mulheres em todo o mundo. Neste contexto, o empoderamento tem múltiplas facetas: refere-se à autonomia e ao poder de decisão sobre a saúde, o acesso e o controlo sobre os recursos são baixos, como o nível de instrução - analfabetas (86%), as mulheres estão apenas subordinadas aos homens (58%), a falta de formação profissional adequada, como o acesso à informação agrícola - as mulheres estão menos informadas do que os homens (48,3%), a falta de conhecimentos sobre a agricultura (58,3%) e a baixa autoconfiança das mulheres na tomada de decisões agrícolas (76%), a baixa participação política (77%) na área de estudo.

Quadro 7: Principais constrangimentos sociais à participação das mulheres no poder de decisão

Tipos de restrições	Baixo		Moderado		Elevado	
	NRP	%	NRP	%	NRP	%
Nível de escolaridade - analfabeto	15	5.0	27	9.0	258	86.0
Acesso deficiente à informação agrícola - as mulheres estão menos informadas do que os homens	49	16.7	105	35.0	146	48.3
Hábitos tradicionais/culturais	63	20.8	124	41.7	113	37.5
As mulheres estão apenas subordinadas aos homens	37	12.5	90	30.0	173	57.5
Baixa auto-confiança das mulheres na tomada de decisões agrícolas	15	5.0	57	19.2	228	75.8

	NRP	%	NRP	%	NRP	%
Falta de conhecimentos sobre a agricultura	42	14.2	82	27.5	176	58.3
Participação política	229	76.5	42	14.0	29	9.5
Violência doméstica	197	65.5	65	21.5	39	13.0

Fonte: Baseado no inquérito de campo; NRP = Número de inquiridos

4. CONCLUSÃO

Concluiu-se que, nas actividades agrícolas, as mulheres participam principalmente na apanha do algodão, como relatado por 91,7% dos inquiridos, mas ocasionalmente participam na preparação de sementes e não participam de todo na venda de produtos agrícolas, como respondido por 24,2% e 61,7% dos inquiridos, respetivamente. Entre as actividades pecuárias, a maioria (84,2%) dos inquiridos participa "principalmente" na limpeza dos pavilhões dos animais, mas, por outro lado, participa "ocasionalmente" no abeberamento dos animais e não participa de todo na recolha de ovos de aves de capoeira, como relatado por 16,7% e 20,8% dos inquiridos, respetivamente. Concluiu-se também que, para além das actividades agrícolas e pecuárias, nas actividades domésticas, as mulheres participam "principalmente" no cuidado de todos os membros da família (97,5%) e "ocasionalmente" no tricô, enquanto não participam de todo noutros trabalhos manuais, como referido por 31,7% e 65,8% dos inquiridos, respetivamente.

5. AGRADECIMENTOS

Gostaria de estender os meus agradecimentos especiais à minha família e amigos que me ajudaram de várias formas para a realização do trabalho de tese. Quero também agradecer muito ao povo e à Administração do Distrito de Delanta por me terem fornecido o apoio e os dados necessários para o estudo.

6. REFERÊNCIAS

Abdelali-Martini, M., 2011. Empoderamento das mulheres na força de trabalho rural com enfoque no emprego agrícola no Médio Oriente e Norte de África (MENA). Possibilitar a capacitação económica das mulheres rurais: instituições, oportunidades e participação. Accra, Gana, 20-23 de setembro de 2011

ActionAid, 2011. Agricultura como iguais: Como o apoio aos direitos das mulheres e à igualdade de género faz a diferença. ActionAid, maio de 2011

Ahmed N e Hussain A 2004. Women's role in forestry: Pakistan agriculture. Agriculture Foundation of Pakistan, Islamabad.

BMGF (Fundação Bill e Melinda Gates), 2008. Estratégia de impacto de género para o desenvolvimento agrícola. junho de 2008

Chayal, K., B. L. Dhaka, M. K. Poonia, S. V. S. Tyagi e S. R. Verma, 2013. Envolvimento das mulheres agrícolas na tomada de decisões na agricultura. *Stud Home Com Sci,* 7(1): 35-37

CSA (Autoridade Central de Estatística) 2015. Recenseamento da população e da habitação na Etiópia: Os resultados para a região de Amhara. Adis Abeba, Etiópia. Vol.1.

Choudhary H e Singh S 2003. Farm women in agriculture operations. *Agriculture Extension Review,* 15(1): 21-23.

Dereje A, Barbey P, Marty B, Reisberg L, Gezahegn Y e Pik R 2002. Source, genesis and timing of giant ignimbrite deposits associated with Ethiopian continental flood basalts. Elsevier Science Ltd, *GeochimicaetCosmochimicaActa,* 66: 1429-1448.

Doss C, Kim SM, Njuki J, Hillenbrand E, Miruka M 2014. Efeitos da propriedade individual e conjunta das mulheres na tomada de decisões do agregado familiar. Documento de discussão n.º 01347 do Instituto Internacional de Investigação sobre Políticas Alimentares.

FAO (Organização das Nações Unidas para a Alimentação e a Agricultura), 1999. Género e estatísticas: Elementos-chave para a promoção das mulheres. Roma, Itália

FAO (Organização das Nações Unidas para a Alimentação e a Agricultura) 2002. A nova parceria para o desenvolvimento de África: Land and water resources issues and agricultural development, 22nd Conferência Regional para África, Cairo, 4-8 de fevereiro de 2002.

FAO (Organização das Nações Unidas para a Alimentação e a Agricultura) 2003. Women and water resources. Women in development service, Departamento de Desenvolvimento Sustentável. Roma, Itália.

FAO (Organização das Nações Unidas para a Alimentação e a Agricultura) 2004. O estado da alimentação e da agricultura 2003-2004. Roma, Itália.

FAO (Organização das Nações Unidas para a Alimentação e a Agricultura), 2011: O estado da alimentação e da agricultura 2010-11. As mulheres na agricultura: Closing the gender gap for development. Roma, Itália

FAO/PNUD (Organização para a Alimentação e a Agricultura/Programa das Nações Unidas para o Desenvolvimento) 1984. Formação de mão de obra para o desenvolvimento agrícola e rural em África. ARC/84/3; Roma: Itália.

Fernando P 1998. Gender and rural transport. Género, *Tecnologia e Desenvolvimento,* 2: 63-80.

Galiè, A., Mulema A., Benard M.A.M., Onzere S.N e Colverson K.E., 2015. Explorando as percepções de género sobre a propriedade de recursos e suas implicações para a segurança alimentar entre os proprietários de gado rural na Tanzânia, Etiópia e Nicarágua. *Agricultura e Segurança Alimentar,* 4(2): 2-14.

Getahun A 1984. Stability and instability of mountain ecosystems in Ethiopia (Estabilidade e instabilidade dos ecossistemas de montanha na Etiópia). *Mountain Research and Development,* 4: 39-44.

FIDA (Fundo Internacional para o Desenvolvimento Agrícola), 2011. Mulheres e desenvolvimento rural: Enabling poor rural people to overcome poverty. Roma, Itália.

Kotze DA 2003. O papel das mulheres na economia doméstica, na produção de alimentos e na segurança alimentar: Orientações políticas. *Outlook on Agriculture,* 32: 111-121.

Luqman M, Malik NH e Kha AS, 2006. Extensão da participação das mulheres rurais nas actividades agrícolas e domésticas. *Jornal de Agricultura e Ciências Sociais,* 2(1):1-9.

Messay, T., 2012. Uma avaliação do papel das mulheres na agricultura na Região Popular de Nacionalidade do Sul: O caso de Halaba Special Woreda, Etiópia. Tese apresentada à Indira Gandhi National Open Univerisity /Ignou/, Nova Deli, Índia.

Mohr PA 1971. The geology of Ethiopia, University College of Addis Ababa press. Addis Ababa, Etiópia.

Nahusenay, A. e T. Tesfaye, 2015. Papéis das mulheres rurais nos meios de subsistência e na segurança alimentar sustentável na Etiópia: Um estudo de caso do distrito de Delanta Dawunt, Zona Norte de Wello. *Revista Internacional de Ciências da Nutrição e Alimentação,* 4(3): 343-355

Ogato, G.S., E.K. Boon e J. Subramani, 2009. Gender Roles in Crop Production and Management Practices: A Case Study of Three Rural Communities in Ambo District, Ethiopia (Um estudo de caso de três comunidades rurais no distrito de Ambo, Etiópia). *J Hum Ecol*, 27(1): 1-20.

Ostrom E., 2005. Understanding institutional diversity. Princeton: Princeton University Press.

Peterman A., 2011. Women's property rights and gendered policies: implications for women's long-term welfare in rural Tanzania. *J Dev Stud.* 2011;47(1):1-30.

Prakash, D., 2003. Rural women, food security and agricultural cooperatives. Rural Development and Management Centre; 'The Saryu', J-102 Kalkaji, Nova Deli, Índia, fevereiro de 2003.

Rahman, S.A., 2008. Women's involvement in agriculture in northern and southern Kaduna State. *Jornal de Estudos de Género*, 17: 17-26.

Shafiwu, A.B., A. Salakpi e F. Bonye, 2013. O papel do Banco de Desenvolvimento Agrícola no desenvolvimento das mulheres rurais na agricultura: Um estudo de caso do distrito de Wa-West. *Revista de Investigação de Finanças e Contabilidade,* 4(12): 168-180.

UNCTAD (Conferência das Nações Unidas sobre Comércio e Desenvolvimento) 2004. Relatório sobre os países menos desenvolvidos 2004. Preparado pelo secretariado da CNUCED, ONU, Nova Iorque e Genebra.

Wakhungu, J. W., 2010. Dimensões de género da ciência e da tecnologia: Mulheres africanas na agricultura. Divisão das Nações Unidas para o Progresso das Mulheres e Organização das Nações Unidas para a Educação, Ciência e Cultura (UNESCO) Reunião do grupo de peritos Género, Ciência e Tecnologia; Paris, França 28 de setembro - 1 de outubro de 2010.

WAOR (Relatório do Gabinete de Agricultura de Wereda), 2013. Relatório do departamento de agricultura e desenvolvimento de recursos naturais de Delanta Wereda. Wegeltena, Etiópia.

Banco Mundial, 2007. Women's economic empowerment for poverty reduction and economic growth in Ethiopia 2006, http:// www.prb/org/datalind

Printed by Books on Demand GmbH, Norderstedt / Germany